お天気ハンター、異常気象を追う

森さやか

文春新書

1373

はじめに

宇宙飛行士の毛利衛《まもる》さんは、「お父さんは、出張に行ってくる」と言って宇宙に飛び立ったそうである。地球をぐるり一二六周する壮大な出張だったが、目的地の高さは地上からたった三〇〇キロほどにあった。上下の距離だけ見れば、東京のサラリーマンが名古屋の取引先に出掛けたようなものである。

実は、地球の大気は思っているよりはるかに薄っぺらい。宇宙と地球の境界線は高度一〇〇キロほどで、それより上がほぼ大気のない「宇宙」なのだが、地上からだいたい一〇キロくらいまでの間にほとんどの空気が密集している。その一〇キロの層を「対流圏」というが、それがどれだけ薄いかというと、たとえば地球をテニスボールに見立てた場合、セロハンテープをその周りに巻き付けたくらいの厚みになる。このペラペラの空間で、水が変幻自在に姿かたちを変え、大気とダンスをして雲を作り、雨を降らせ、雷を落とし、ありとあらゆる天気現象を起こすのである。

ところが近年、その薄い空間で急激な変化が起きている。暑いところは余計暑くなり、寒いところはそれに輪をかけて昇温している。おかげでシベリアの溶けた永久凍土からは太古のウイルスが蘇《よみがえ》り、グリーンランドの氷床からは閉じ込められていた米軍基地が姿を現した。挙げ句の果てには、氷が融解したことで地球の質量バランスが崩れ、自転が速まって、二〇〇年後には一日の長さが〇・一ミリ秒ほど短くなるかもしれないという[*1]。

海水温の上昇は、南極から巨大氷山を分離させ、船やペンギンを脅《おびや》かし、日本近海ではサンマの生息地を北上させて、不漁となった二〇一九年には店頭で一匹六〇〇円の値が付けられた。膨張する海水は水面を上昇させて、ハワイのワイキキビーチはしばしば洪水に見舞われ、浜辺の白砂が海に飲み込まれて、海外から砂の追加輸入を計画している。

温度変化だけではない。雨の降り方もだいぶ変わって、雨の止まない地域と、晴れ続ける地域が別々の困難に直面している。東アフリカや中東では、サイクロンの大雨で大量のバッタが発生し、それが一日に何万人分もの食糧を食い荒らして、ついには紛争の火種ともなっている。反対に南アフリカでは何年も日照りが続いて水不足になり、政府は個々の家庭の節水状況に目を光らせて、それをインターネット上で世界中の誰もが監視できるようにした。オーストラリアの東部ニューサウスウェールズ州では森林火災で三分の一のコアラが死亡、アメリカでは山火事の煙が人の呼吸機能を低下させ、新型コロナの感染者を急増させたという説すらある。

「責任は人間にある」。二〇二一年、国連の気候変動に関する政府間パネル（IPCC）は近年の異常な天候を引き起こした人間の非を認め、きっぱりと〝有罪判決〟を下した。今この変化する地球で絶滅の危機に瀕している生物は一〇〇万種に上る。

情けないのは、これまで何十年も変わりゆく地球の姿に直面し続けながらも、それほど人類が真剣に考えてこなかったことだ。その間に事態は益々《ますます》深刻化してしまった。二〇一四年、IPCCはこう言っていた。「温暖化対策の高速列車に、国際社会のすべての人を乗せ、今すぐ出発させなければならない」。それが二〇二一年になると、「（IPCCの報告書は）人類への赤信号だ。対応を遅らせる余裕も、言い訳をしている余裕もない」となって、いよいよ二〇二二年にはこうなった。「今しかない」。もうつべこべ御託を並べていられる時代は終わったのである。

空は無限のように広く、ちっぽけな人間が何をしても問題はないだろうと思ってきた。しかし実際は違う。人間の手で気候を変えるのにさほど時間はかからなかったのである。その昔、宇宙船打ち上げの映像を、フォード米国大統領の隣で見ていた駐米ソ連大使は言った。「地球はわれわれが平和に暮らすには十分な広さだが、核戦争には狭すぎる」。今風に変えるならば、「地球はわれわれが暮らすには十分な広さだが、好き放題やるには狭すぎた」。

地球は水の惑星である。対流圏に存在する水は、海も氷河も合わせると地球を二七〇〇メートルもの厚さで覆ってしまうくらいのとてつもない量だが、そのうち空気中に漂っている水蒸気はほんの一握りである。全体のたった〇・〇〇一%[*2]で、地球を二五ミリの深さの水で浸すに過ぎない。地球の平均年間降水量は約一〇〇〇ミリだから、単純計算で、年間四〇回、つまり九日に一回[*3]水蒸気が雨となって地上に落ちては空に舞い上がるという循環を繰り返すことになる。人の皮膚がすっかり新しい組織に入れ替わるには二八日かかるというから、空気中の水蒸気は肌よりもよっぽどターンオーバーが速いのである。

水や空気を上下左右に循環させる原動力とは何だろうか。その一因は、地球が〝不平等〟に暖まっていることにある。太陽がギラギラ直角に差しこむ熱帯地域と、太陽の高度が上がらない北極や南極の温度差は、一〇〇℃を超えることも珍しくない。たとえばサハラ砂漠では夏季五〇℃以上の極暑になるが、南極ではマイナス五〇℃以下の極寒となることはざらである。こうしてできた極端な温度差が、空気をかき混ぜる巨大な風の循環を生んだり、熱帯の熱い空気をせっせと北に運ぶ台風を発生させたりする。そんな風にして対流圏では空気や水をかき混ぜ、不均衡をならそうとするが、悲しいかな、その差が完全に解消されることはない。結局、極地は寒く、熱帯は暑いのである。それはまるで、貧富の差が一向に改善されない無情な人間社会を連想させるようだが、我々の社会でもそうした差があり続けるのと同じように、地球の空気も一向に不平等が解消されることはないのである。しかしそのおかげで、絶えず空気が動き、雨が降って、空気と水が巡り続ける。

私が気象予報士になったのも、いろいろ巡り巡った結果である。しかし今になってみると、こうなることは必然だったのかもしれないとさえ思う。大学時代、私は原因不明の難病に襲われた。膠原病《こうげんびょう》という免疫疾患で筋肉が日に日に衰えていった。入院生活は辛かったが、自分の将来をじっくり考えるには絶好のチャンスだった。なんせ暇だからである。

考えた末、大好きな外国語を生かして外交官を目指すことを決心した。半日以上机にかじりついて勉強に励み、筆記試験に合格することができた。ところが私の出生地がアルゼンチンということで、合格は取り消しになった。アルゼンチン国籍は離脱しようとしても憲法上不可能で、二重国籍となってしまうからである。

気分転換に行ったアメリカで、生まれて初めて外国の天気予報をテレビで見てハッとした。派手な衣装の女性予報士が、画面を右へ左へ自由に動き回り、竜巻なる恐ろしい強風の説明をしていた。その時ふと、私は幼い頃から空を見上げるのが大好きだったこと、中学時代には予報士試験に挑戦しようとして諦めたことを思い出した。そして、ここで気象を勉強しなければ将来、棺《ひつぎ》の中に入っても後悔すると強く思い、気象予報士を志した。人生は紆余曲折《うよきよくせつ》、いろいろ巡って今がある。

本書を通じて、今の地球の現状を知り、これまでとは違う角度から地球の危機を見直すきっかけにしてもらえればありがたいと思っている。そのためにまず、このところ国内で起きた異常気象やその背景に焦点を当てていこう。最近メディアを賑《にぎ》わしているような用語もなるべくわかりやすく説明したいと思っている。そして世界で起きている現象について視野を拡げていこう。というのも、日本の面積は地球全体のたった〇・〇七%にすぎず、日本だけ見ていては全体像がつかみにくいと思うからである。筆者は毎日世界の天気を見続けてきたが、そのなかで知りえたことをふんだんに盛り込みたいと思っている。少々、長丁場になるが、ぜひお付き合い願いたい。

＊1 「Warmer waters could spin the Earth faster」nature. com, 1 Apr 2007
＊2 『世界の気象』高橋浩一郎編（毎日新聞社）
＊3 『気象資源』中村政雄著（講談社ブルーバックス）

お天気ハンター、異常気象を追う◎目次

第二章　世界の異常気象

第三章 地球の未来予想図

カバーデザイン・イラスト　上楽　藍

第一章　日本の異常気象

線状降水帯

梅雨前線の幅の太さをマジックペンで書いた線だとすると、線状降水帯の幅は鉛筆の線ほどしかない。そんなに細いのに、毎年災害級の土砂降りをもたらしてくる。なぜこれほど恐ろしい量の雨を降らせることができるのだろうか。

「湯水のように」お金を使う人は、派手な浪費家とばかり思っていたが、中東では慎ましい節約家の意味になるらしい。水が気ままに使われる日本と違って、砂漠の広がる中東では水は命のように大切に扱われる。〝待遇〟がこうも異なるのは年間降水量の差にあって、世界平均が一〇〇〇ミリのところ、日本は一七〇〇ミリ、エジプトはたった一八ミリしかない。もし雨が地中に染み込まず地表にあふれていくと考えれば、一年後、日本では大方の人がすっぽり水に隠れてしまうが、エジプトではアリが溺《おぼ》れる程度である。

九〇〇億トンの雨が降った

雨には慣れっこの日本人でも、このところの夏の大雨には恐怖を感じずにいられない。二〇二一年八月には、一〇日ほどで九〇〇〇億トンの水が空から落ちてきた。盛夏にもかかわらず太平洋高気圧が南に退き、代わって北の冷たいオホーツク海高気圧が強まって拮抗《きっこう》し、境目に前線が居座った。おまけにアマゾン川の流量に匹敵する大量の水蒸気が南風に乗って運ばれてきたそうだから、連日どこかで雨量記録が塗り替えられるのも不思議ではなかった。九州北部では半年分の雨が一気に降ってしまって、川が溢れ、山も崩れて民家を飲み込んだ。甲子園球児も、順延、中断、ナイター試合と、ことごとく雨に翻弄され、史上もっとも遅い決勝戦にもつれ込んだ。

その一年前には、「我々の実力不足です」と気象庁長官が悔しさをにじませた想定外の豪雨が熊本県を直撃している。球磨《くま》川が氾濫し、老人ホームが浸水、二階に逃げられなかった高齢者が亡くなった。さらに二〇一四年には、寝静まった広島市のベッドタウンを豪雨が襲い、背後の山々が崩れ落ちて七七人が命を落とした。

これらすべての大雨にかかわっていたのが「線状降水帯」である。図体こそ小さいが、途方もない量の雨を降らせる危険極まりない現象で、台風、梅雨前線と、日本を代表する大雨の二大要因の陰にそっと身を潜めて悪さをすることが多い。

近頃よく耳にするようになったが、今に始まった現象ではない。昔からその恐ろしさは折り紙付きで、集中豪雨の三分の二が線状の降水帯によるという統計もある。巷《ちまた》に知られる契機となったのは、先の二〇一四年に起きた広島の災害で、認知度の高まりを受けて気象庁は、二〇二一年六月から線状降水帯の発生時に「顕著な大雨に関する気象情報」を発表して警戒を呼び掛けることになった。定義づけも行われ、そのサイズは長さ五〇～三〇〇キロ、幅二〇～五〇キロほどと決められた。まさに細さが特徴的で、幅が五〇〇キロはある梅雨前線と比べるとだいぶ小さく、太いマジックペンで描いた線を前線とするなら、鉛筆やシャープペンで引いた線が線状降水帯といった具合の比率である。「夕立は馬の背を分ける」というが、線状降水帯もまさに同じような印象で、ある町では晴れているのに、その隣町では家が流された、そんな感じになる。

その正体は、雲の一族

一体どうしたら、こんなに細い雨雲の帯ができるのだろうか。その成り立ちはこうである。まず、水蒸気をたっぷり含んだ暖かな風が山の麓《ふもと》にぶつかって上昇し、雲を作る。上空の冷たい空気と衝突して強烈な雨雲に変貌し、その後強風によって風下に流される。このプロセスが数時間繰り返されると列となり、一方向に延びていく。これが線状降水帯の発生メカニズムの一例で、流された雲の後ろに新しく雲が生まれることから、「バックビルディング（後方形成）」という名前が付けられている。

こうしてみると線状降水帯は、まるで親、子、孫といった世代の違う雲の大家族が横並びした状態にも例えられそうである。風下ではおじいちゃん雲が衰弱していくが、風上では赤ちゃん雲が誕生し、一族は代々続いていく。恐ろしいのは、その雲一族のなかで、荒くれ者の若者世代が次々と通り抜けることである。個々の積乱雲の寿命は一時間弱と短いが、次世代の雲がどんどんやってくるから、バケツをひっくり返したような雨が数時間も続き、時に半日以上続くことすらある。

英語では、線状降水帯を列車に例えているようである。アメリカには定義こそないが、線のような降水帯は「トレイニング（training）」と呼ばれている。といっても、筋トレのことではなく、雲が列車（train）の車両のように次々と連なって列をなしているイメージから派生しているから、意訳すれば「列車型の雨」となるだろうか。二〇二一年には、この雲列車がハリケーン「アンリ」に隠れてマンハッタンに出没、降水記録を塗り替えた。

日本ではどこで発生するのだろうか。九州など西日本に発生することが多いが、どこでも起こりうるという。二〇〇五年には東京都の住宅地に現れて五〇〇〇軒の家屋が浸水したし、北海道大学の研究者らの調べでは、道内で年に平均七〜八個発生していたことも明らかになっている（一九九〇〜二〇一〇年[*4]）。

気象庁は「コーヒー予算」

　これからも豪雨は頻発していくという。なぜなら気温が一℃上がると、空気が含むことのできる水蒸気の量が七％増えるという自然の法則により、今後、空気中に漂う雨の素《もと》が増えていくと考えられるからである。先が思いやられるが、いい知らせもある。二〇二二年からは、線状降水帯の発生が半日前から予報されるようになった。気象庁の予算は国民一人当たり年間五〇〇円で、「コーヒー予算」などと同情されてきたが、ようやくちょっぴり額をあげてもらって、大雨の研究費に充てるという。フレーフレー気象庁と、心から声援を送りたい。

　将来も雨は増える一方なのだろうか。実は単純にそうともいえないようである。温度が上がって飽和水蒸気量が増えると、空気が水蒸気で満たされるのに時間がかかるようになって、逆に雨の降らない日も増えていく可能性があるからという。将来は、大雨か干天かの極端な天候に振り回されそうである。

「訪ね人は雨水のごとし。久しければ希《こいねが》われ、多すぎれば災難となる」（中東のことわざ）

水の価値観こそ異なる日本と中東だが、気まぐれな雨に抱く気持ちは同じようである。

＊4　「1990年から2010年の夏季に北海道において発生した線状降水帯の気象特性」土木学会北海道支部論文報告集、二〇一三年、山田朋人ほか

本節は『文藝春秋オピニオン二〇二二年の論点一〇〇』の原稿を一部加筆・修正したものです。

ゲリラ豪雨

ゲリラさながらの意表をついた猛烈な大雨に見舞われて、頭を抱えたことがある人も多いだろう。実は、ゲリラ豪雨はアメリカやインド、イタリアなどにも発生して、とんでもない降水記録を叩き出したこともある。では海外では、一体何と呼ばれているのだろうか。

線状降水帯よりもっと気まぐれで、意表をついて出現し、あっという間に姿を消す雨が、俗にいう「ゲリラ豪雨」だろう。「ゲリラ豪雨」の正式名称は「局地的大雨」で、「急に強く降り、数十分の短時間に狭い範囲に数十ミリ程度の雨量をもたらす雨」と、気象庁は抜かりのない定義をしている。

世に「ゲリラ豪雨」という名前が初めて登場したのは、一九六〇年代といわれている。もともとは戦争の最中に行われた奇襲作戦を意味する「ゲリラ戦」に、神出鬼没な大雨をなぞらえて、マスコミなどが使い出した。特徴をとらえた名称だが、万人受けするわけではなく、戦争を想起させる言葉を使うのはいかがなものかといった理由で、気象庁をはじめＮＨＫも、その使用を頑《かたく》なに避けている。

近年よく出没しては人々を困らせる現象だが、二〇〇八年に起きたそれはとりわけ大きな被害をもたらした。

七月二八日、神戸市灘《なだ》区の空は朝から晴れていた。昼下がりの一四時になっても青空が広がり、都賀《とが》川沿いには散策や川遊びを楽しむ人たちがいた。実はこの時、雨雲が接近しており、大雨洪水警報が発令されていたのだが、多くの人は知る由《よし》もなかった。一四時三〇分頃、雷が鳴り始める。避難する人もいたが、数十人はその場に留まっていた。すると一四時三六分に雨が降り出し、一四時四〇分には視界も利《き》かないほどのどしゃ降りとなった。川の水位が上がり始めたのは一四時四二分で、その二分後には、一メートル以上も上昇した。川は一気に氾濫《はんらん》し、河川敷で遊んでいた小学生二人、橋の下で雨宿りをしていたとみられる保育園児一人とその叔母、さらに河川敷の遊歩道で寝そべっていた男性一人の計五人が濁流に飲みこまれ帰らぬ人となった。事故当時の様子について、橋脚にしがみついて運よく難を逃れた男性は、「自分の背丈より高い茶色い濁流が数十メートル先に押し寄せているのが見えた」と語っている。

それから約一週間後、今度は東京都心を悲劇が襲う。

八月五日午前一一時。東京都豊島区の雑司が谷では、曇り空のもと、下水道の老朽化対策工事が行われていた。マンホールの中には六人、地上では五人の作業員が業務を行っていた。一一時三〇分ごろ雲行きが怪しくなってきたので、地上の作業員が気象情報を確認する。大雨注意報、大雨警報のいずれも出ていなかったので、工事は続けられた。一一時四〇分にはいよいよ雨が降り出したため、マンホール内の作業員に、「今日は作業が中止になるかもしれない」と伝えた。しかし一一時四二分には地面を叩きつけるような大雨に変わり、すぐに地上に上がるように作業員に指示が出されたが、時すでに遅し。大量の雨水が下水道管に流れこんで、一人は自力で脱出したが、五人が流され、死亡した。大雨警報が出されたのは、事故が起きた約一時間後の一二時三三分のことであった。

東京都下水道局が定めた一滴ルール

雑司が谷一帯にはどれほど雨が降ったのだろうか。レーダーによる推定では一時間で一〇〇ミリを超える雨が降っていたという。

とはいえ、実際どれくらいの量なのか。一ミリの雨というのは、一平米の面積に一リットルの雨が降ることと同じである。広げた大人の傘の面積が、だいたい一平米だから、傘の上に牛乳パック一つ分の水量が降ってきた計算になる。となると一〇〇ミリの雨なら一〇〇リットル、これはジャンボたらい桶一つ分の水量である。

レーダーの記録によれば、東京ではこの強さの雨が三平方キロメートルにわたって一時間降ったというから、全水量を計算すると三億リットルとなり、五〇メートルの長さのオリンピックプール一二〇杯分の水に相当する。これほどの量が短時間で落ちてきたわけだから、何も起こらないわけがない。

しかも不幸は重なるもので、事故現場はかつて川の底だったから、周囲の雨水が一か所に集まってきてマンホールにどっと流れ込んでしまったのである。この痛ましい事故を教訓に、東京都下水道局は、雨が一滴でも降れば作業は即刻中断するという、「一滴ルール」を定めた。

複数の積乱雲がグルになって襲いかかる

雲には横に広がるものと、縦に伸びるものとがある。大雨をもたらすのが、後者の雲、とりわけ積乱雲である。上空に冷たく重い空気、地上付近に暖かく湿った軽い空気があると、まるで頭でっかちの赤ちゃんが転んでしまうように、空気が不安定になって上下がひっくり返ってしまう。そうして対流が起き、雲はぐんぐん成長していくのである。特に背の高い雲は、対流圏を目一杯背伸びして、高度一〇キロ以上に達するものもある。雲の横幅は高さと同じくらいで一〇キロ程度だから、この積乱雲の大きさを大ざっぱにたとえるなら、山手線の線路を塀に見立てて、その塀を飛行機が飛ぶくらいの高度まで上に延ばしていったくらいの大きさといえるだろう。図体は大きいが、ことのほか短命で、発生から消滅までの時間は一時間弱、雨を降らせる時間となると半時間くらいしかない。ひとつの雲から落とせる雨の量は、せいぜい二〇ミリくらいである。

しかし局地的大雨は一時間で一〇〇ミリ近い雨を降らせる現象である。一体、どんなからくりで大量の雨を製造できるのだろうか。実はゲリラ豪雨をもたらすような積乱雲は、一つではなく、複数の雲がグルになってつるんでいることが多い。それぞれの雲の塊は細胞（セル）のようなので、「対流セル」と名付けられているが、先に述べたように、それぞれの対流セルの寿命は一時間弱、降水も二〇ミリほどだから、一〇〇ミリも降った場合は一地点を最低五つの対流セルが通過していった計算になる。[*5]

局地的大雨も線状降水帯も、同じ積乱雲の集まりだが、違うのはお互いの雲が〝家族〟かそうでないかである。線状降水帯は雲が世代交代しながら生まれていくが、局地的大雨は、まるで個人が雑然と集まっているようなもので、各々《おのおの》生まれては消えていく。その分寿命は短いが、恐ろしい量の雨を落としていく。

シャワーを超える世界一のゲリラ豪雨

日本一のゲリラ豪雨の一つは、二〇二一年一一月二日に北海道木古内町《きこないちょう》で降った一〇分間五五・〇ミリの雨である。普段なら雨の多くない北海道、しかも比較的晴れの日の多い晩秋に降ったという、まさに青天の霹靂《へきれき》といえるような大雨だった。では世界一のゲリラ豪雨とは、どのくらいだろう。次頁の表1は世界一のゲリラ豪雨のリストである。雨の降った時間ごとに記録が分かれている。まず一分間雨量のナンバーワンは、一九七〇年にカリブ海の小島グアドループで観測された三八ミリ。お風呂のシャワーの水量を〝降水量〟とすると、一時間に六〇〇ミリ程度、一分間だと一〇ミリだから、この時の雨の強さはシ

表１　降水量の世界記録

時間	降水量	場所	日付
1分	38ミリ	フランス領グアドループ島（バロット）	1970年11月26日
8分	126ミリ	ドイツ（バイエルン州フュッセン）	1920年5月25日
15分	198ミリ	ジャマイカ（プラムポイント）	1916年5月12日
20分	206ミリ	ルーマニア（クルテア・デ・アルジェシュ）	1889年7月7日
42分	305ミリ	アメリカ（ミズーリ州ホルト）	1947年6月22日
60分	401ミリ	中国（内モンゴル自治区）	1975年7月3日

（世界気象機関〔WMO〕『Guide to Hydrological Practices (1994)』第5版より）

ャワーをはるかに上回っていたことになる。

　次に四二分間だと三〇五ミリの記録がある。これは一九四七年にアメリカ中西部ミズーリ州ホルトで降った強烈な雨であるが、この記録は、ある優秀な主婦がいなければ見過ごされていたはずのものであった。

　この豪雨は気象観測所のない場所を襲ったため、最初は降水量が分からなかった。そこで米軍兵士が、気象観測ボランティアの家を一軒一軒訪ね回り、庭に置かれたバケツの水量を調べる、その名も「バケツ調査」なる聞き取りを行った。すると幸運にも、とある家の奥さんが、雨の前にはバケツが空《から》であったことを確認していたうえに、雨の降りはじめと降り終わりの時間をきちんとメモしていたのである。このマメな主婦のお手柄により、世界記録の一つに認定されるに至ったのだが、アメリカにはこうした協力者がたくさんいて、二〇一〇年サウスダコタ州では、空から降ってきた巨大な雹《ひょう》をカクテルに入れて飲もうと冷凍庫にしまっていた男性のお手柄で、世界最大の雹の記録が残された。

『007』のような呼び名

「ゲリラ豪雨」は、世界で何と呼ばれているのだろうか。繰り返しになるが、ゲリラ豪雨という名前は日本オリジナルだから、いくら海外の人に言ってみても、全く通じない。そもそも英語で「ゲリラ（guerilla）」と「ゴリラ（gorilla）」は全く同じ発音なので、ややこしいことになってしまうこと、この上ない。

　まずアメリカでは、一般に「ダウンポー（downpour）」と呼ばれている。正式名は「クラウドバースト（cloudburst）」で、直訳すれば〝雲の爆発〟となり、雲を水風船に見立て、そこから水が一気に噴出するイメージからつけられた。クラウドバーストには特別な定義はないが、一時間一〇〇ミリ以上の雨をこう呼ぶことが多い。もとをたどれば、この言葉の発祥地はオランダのようで、国土の四分の一が海抜ゼロメートル以下の国であるために、短時間の豪雨が起きると鉄砲水が襲うから、大雨の研究が特に進んでいるようである。

次に、世界有数のゲリラ豪雨大国であるインドでは、同じく「クラウドバースト」という用語が使われている。インドの気象局は定義も定めていて、「一時間一〇〇ミリ以上の豪雨が二〇〜三〇平方キロにわたって降る現象」と細かい。また、それ以下の雨量の大雨を「ミニクラウドバースト」などと呼んで、使い分けている場合もある。

イタリアでは俗称「水爆弾（bomba d’acqua）」と呼ばれる。二〇一〇年代からメディアで使われ始め、今ではすっかり定着した。二〇二一年秋に発生した水爆弾は、北部のジェノヴァ周辺で一時間一八〇ミリもの凄まじい雨を降らせた。

最後に、私のお気に入りがスウェーデンの命名である。「スカイフォール（skyfall）」、つまり〝空の落下〟と、映画『００７』シリーズを思い出させる名前を付けて呼んでいる。その定義は一分間で一ミリ以上、もしくは一時間で五〇ミリ以上の雨としているようである。このように各国気象局や国民がひねりを利かせて、大雨に見合う派手な名前を付けている。

富岳を用いた予報も

こうした短時間の豪雨は、世界で着実に増加している。日本の気象庁が一時間に五〇ミリ以上の大雨の回数を数えたら、二〇一二年から二〇二一年までの一〇年間の年平均回数は約三三〇回で、一九七六年から一九八五年までの四割増だったという。また一時間八〇ミリ以上の大雨も調べたら、およそ二五回で七割増だった。シンガポール、ニューヨーク、ロンドンといった世界の大都市でも東京と同じように大雨が増えている。

なぜ世界で豪雨が増えているのだろうか。この点インド気象局は慎重で、「気候変動によるという証拠はない」ときっぱりと否定しているが、多くの学者は、気候変動で大雨が降りやすくなっていると主張している。気温が一℃上がるごとに、大気中に含まれる水蒸気の量が七％増えるという物理法則から、降れば大雨になりやすいという。さらに都市化の影響も相まって、風が高層ビルにぶつかって上昇気流を起こし、雲が発達してゲリラ豪雨を増やす一因になっているという説もある。

今後も豪雨の不意打ちが増加するだろうと言われるなか、どんな対抗策を練っていくかが課題となっている。まず天気予報の精度を上げて、雨に不意打ちされないことが必要だが、現在、世界に誇る計算速度を持つスーパーコンピューター「富岳」と、超高速で雨雲を捉えられる最新のレーダーを駆使して、細かいエリアごとの半時間先の大雨を予測する技術の開発が進められている。

だからそう遠くない将来に、ゲリラ豪雨の予想がすんなりできるようになって、ゲリラという名前がしっくりこない時代がやってくるかもしれない。こうして予測精度を上げることのほかに、洪水を起こりにくくするためのインフラ整備も大事である。都市の下水道は、一般に一時間五〇ミリ程度の雨の流入が限界で、これを超えると道路が冠水したり、場合によってはマンホールの蓋が吹き飛ぶ「エアピストン」現象が起きたりすることもあるという。

最後に、もし傘がない時に雨に降られてしまった時の対処法として、ちょっとした豆知識を紹介しよう。雨の中、極力濡れないためには、走った方がいいか、歩いた方がいいか。歩くと濡れる時間が増えるが、走ると濡れる面積が広がるから、一体どちらがいいのだろう。アメリカのトーマス・ピーターソンとトレバー・ウォリスの二人の気象学者は、複雑な数式を用いてその答えを導き出した。すると計算上は、雨の中を一〇〇メートル移動した場合、走った方が歩くよりも四四％濡れないという答えに行きついた。とはいえ本当にそうなのか、疑い深い彼らは、雨が降るのを見計らって外に飛び出し、実験を行ってみることにした。二人は同じ服を着て、染み込んだ雨を集めるビニール袋を服の下に装着して、一人は歩き、一人は走った。そうしてゴール後すぐに、袋の中の水と服の重さを量ったら、ほぼ計算通りの結果が得られたという。

結局、走る方に軍配が上がったということである。

＊5 『気象災害を科学する』三隅良平著（ベレ出版）

梅雨

東アジアが共有する〝空の水道〟梅雨は、災害を引き起こす反面、貴重な水資源をもたらす不可欠な存在である。とはいえ、雨の降り方は東西で異なり、西日本では「男梅雨」、東日本では「女梅雨」などと呼ばれた時代もあった。何がその違いをもたらすのだろうか。

「梅雨将軍信長」は、戦国版の気象予報士が天下統一に一役買ったという説をもとにした物語である。著者は、気象庁職員だった新田次郎氏で、この小説には、平手《ひらて》左京亮《さきょうのすけ》という織田信長のお抱え予報士が登場する。まず左京亮は桶狭間の戦いの際に、小鼓の音色から大気の変化を感じとり豪雨を予想、これを受けて信長がゲリラ作戦に出て今川義元を討ち取った。次に長篠の戦いでは、梅雨の晴れ間を予測して、そのすきに信長の鉄砲隊が武田勝頼の騎馬隊を破った。左京亮は架空の人物だが、織田信長自身は実際に梅雨を味方に強敵を倒していった。

梅雨は四〇日間程度の現象だが、それが年間降水量に占める割合は大きく、二、三割にも相当する。気象キャスターの故・倉嶋厚氏は、梅雨前線を「空の水道」と呼んだ[*6]が、まさに言い得て妙で、梅雨前線のかかった空は開きっぱなしの蛇口のように延々と雨を降らせてくる。二〇二一年に熱海市で起きた悲劇の土石流も、こうした梅雨の長雨が原因だった。

傘の上にドラム缶二つ分の雨

土石流が起きたのは七月三日、梅雨後半の週末の朝だった。格別激しい雨が降っていたわけではなかったが、雨は三日間も降り止まずにいた。住民が遅い朝食を終えて、のんびりテレビでも見ていた頃だろう。突然聞いたことのないような轟音《ごうおん》をとどろかせながら、土砂が猛スピードで流れ落ち、家々を次々と飲み込んでいった。一〇万立方メートルという、大量の土砂が逢初《あいぞめ》川の上流から崩れ落ち、死者・行方不明者二八人という大惨事につながった。

この時、事故現場から数キロ離れた熱海市網代の雨量計は、三日間で四一二ミリの雨を観測していた。四一二ミリの雨とは、傘の上にドラム缶二つ分の水が落ちてきたのと同じことである。また七月ひと月分の倍の雨がたった三日で降ってしまった計算にもなる。

もちろん地表を流れていく水もあるから一概には言えないが、想像を絶する量の水が地中に染み込んだことは間違いない。一般に雨が四〇〇ミリを超えると、岩盤から根こそぎ崩れ落ちる「深層崩壊」という土砂崩れが起こりやすくなるといわれる。ただこの事故は人災の側面も大きく、土石流が起きて崩れた川の源流部は宅地造成のために木が切られ、違法な盛り土をした場所だった。事故直後に静岡県副知事が口にした言葉がむなしく響く。「開発の影響は正直に言ってあると思う」。防げたはずの災害に巻きこまれ、多くの尊い命が奪われた。

史上もっとも早く明けた梅雨

ところが梅雨は短ければ短いで大問題を引き起こす。翌二〇二二年は梅雨のありがたさを痛感する年ともなった。本来なら梅雨真っ盛りの六月後半に、太平洋高気圧が梅雨前線を北に押し出し、東北北部を除く全国で、梅雨が明けたのである。関東甲信では観測史上最速の梅雨明けとなった。

沖縄・奄美を除けば例年よりも三週間も早い梅雨明けで、期間も半分以下、北陸以外では観測史上最短記録ともなった（暫定値）。おかげで蝉も間に合わない、〝フライング熱波〟がやってきて、群馬県の伊勢崎市では六月の国内最高気温となる四〇・二℃を記録、野菜は干からび、六月に病院に運ばれた熱中症患者は史上最多となった。

このように梅雨は人を死の危険にさらす一方で、恵みの雨をもたらし気温上昇を和《やわ》らげる、一利一害の気象現象といえる。

二つの気団の力合戦

そもそも、どうして梅雨があるのだろうか。

それは太平洋生まれの「小笠原気団」と、北の海育ちの「オホーツク海気団」という出自の異なる空気の集団が、日本上空でぶつかり合うからである。春が終わり夏に向かうにつれて、日本の南で暖湿な小笠原気団が強まり、日本列島に張り出してくる。ところが、北のオホーツク海沖の空気はまだまだ冷たいから冷湿なオホーツク海気団が居座っている。だから衝突が起きて、雲が発達、これが梅雨前線となる。

はじめ両者は、突っ張り合いを続ける力士のように押し合いへし合いの力合戦を続けるが、夏がやってくると小笠原気団が優勢になり、オホーツク海気団は寄り切られ、梅雨前線も北上していく。こうして五月に沖縄にあった梅雨前線は、六月初旬に九州や東京に達し、中旬になると東北地方に到達する。

しかし前線が北海道に到達する頃には、オホーツク海気団は弱まっているので、例年なら北海道ではバトルが起こらない。つまり梅雨が来ない。こんな風にして梅雨前線はひと月かけて沖縄から東北までの二〇〇〇キロを時速二キロほどのペースで北上していく。人の歩く速さは時速四キロだから、人間の方が梅雨前線よりもずっと早足である。

梅雨入り、梅雨明け発表はつらいよ

この前線の行進を逐一ウォッチし、毎年梅雨入りと梅雨明けを発表するのは気象庁の仕事である。梅雨入りの明確な基準はないようで、「これまでの天候と、この先一週間の予報をもとに、曇りや雨の日が多くなり始める時期を梅雨入り」としている。

元気象庁の饒村曜《にょうむらよう》氏によると「梅雨入り」と「梅雨明け」は、一九八六年から正式に気象情報として発表されるようになったそうで、その頃は、「梅雨入りは六月一〇日」というように日を特定して発表していた。しかし元来梅雨とは人間が勝手に名前を付けた自然現象だから、「さあ、今日から始まりましたよ」というのはおかしいということで、一九九五年からは、ひと月を上・中・下旬に分け、さらにそれぞれを前半・半ば・後半に分けた計九分割で発表し始めた。つまり、「六月中旬前半から梅雨に入りました」という感じである。捻り出した折衷案《せっちゅうあん》だったが、さすがに分かりにくいという批判を受け、一九九七年からは「六月一〇日頃」という、具体的ながらも抽象的な、ざっくりとした表現で決着した。気象庁職員も気苦労が絶えないようである。

梅雨前線の七五三

梅雨前線の雲の南北の幅は、数百キロと太い。ただ、その雲のすべてが雨雲ではなく、曇天《どんてん》をもたらす雲だったり、薄曇りをもたらす雲だったり、様々な種類から成りたっている。ではどこからどこまでが雨雲なのだろう。その簡単な目安が、「梅雨前線の七五三」である。

この法則は、地上天気図に描かれた梅雨前線から北に三〇〇キロ以内が雨、五〇〇キロ以内が曇り、七〇〇キロ以上離れていたら晴天というものである。七と五と三が使われているから、「梅雨前線の七五三」となる。実際の地図に当てはめてみると、もし鹿児島に梅雨前線がかかっているとすれば、北に三〇〇キロ離れた福岡は雨、五〇〇キロ弱離れた東京では曇り、七〇〇キロ以上先の仙台では晴れということになる。おおざっぱだが、よく当たる。ちなみに七五三と言えば、「風邪ひき七五三の法則」というのもあって、それは最低気温七℃以下、前日との温度差五℃以上、湿度三〇%以下のときに風邪に要注意であることを意味する。七五三は意外に応用範囲が広いのである。

筆舌に尽くしがたい「湿舌」の水量

　梅雨前線周辺の天気は南北方向だけではなく、東西方向でも大きく異なる。西日本と東日本の梅雨の雨量を比べてみても、その差は歴然としていて、たとえば梅雨期の雨量は、九州では五〇〇ミリだが、関東では三〇〇ミリと、倍近い差がある。だから鹿児島の人は梅雨と言えばゴーゴーと滝のように降る力強い雨を想像するが、東京の人は、しとしと淑《しと》やかに降り続ける雨のイメージを持っている。実際、昔は西の梅雨を「男梅雨」、東のそれを「女梅雨」と呼ぶ時代もあったが、いやはや現在の男女像とは大違いである。

　でもなぜ西日本の雨は、男らしいのだろうか。それは、「熱帯モンスーン気団」と呼ばれる、熱帯直輸入の蒸し暑い空気が流れ込みやすいことにある。まるで舌べらのように、べろーんと西日本に流れ込んでくるから「湿舌《しつぜつ》」と呼ばれ、〝筆舌〟に尽くしがたいほどの水蒸気を運んでくる。

図1　梅雨前線の起こり方

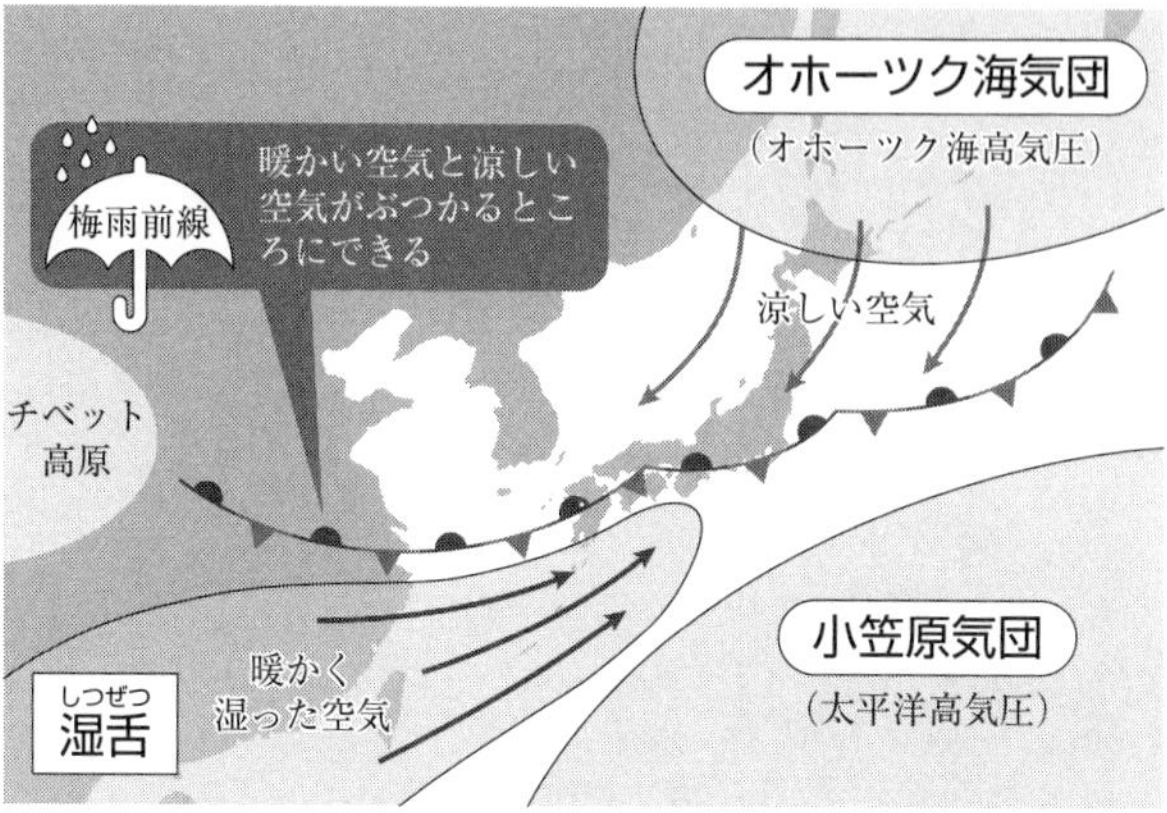

梅雨前線は小笠原気団からの暖かい空気とオホーツク海気団からの涼しい空気がぶつかるところにできる。西日本の梅雨に降る雨が強いのは、「熱帯モンスーン気団」が運ぶ暖かく湿った空気が流れ込むため。舌の形をしていることから「湿舌」と呼ばれる。

この〝舌べら〟はどこから来ているのだろうか。衛星画像で元をたどってみると、数千キロ離れたインド洋付近からつながっていることがある。この水蒸気の流れは「大気の川」と呼ばれ、最近注目を集めている現象で、筑波大学の釜江陽一助教によれば、二〇一八年にはこの空の川を伝って、世界最大流量を誇るアマゾン川の二倍以上もの水量が日本に運ばれてきたそうである。[*7] この途方もない川によって、二〇一八年七月の西日本豪雨は死者・行方不明者合わせて二四〇人超を出す「平成最悪の水害」となってしまった。

中国の気象改変プロジェクト

梅雨は東アジア共通の歳時であり、中国ではメイユ（梅雨）、韓国ではチャンマ（長雨）と呼ばれている。日本同様、中国でも、台湾でも、韓国でも梅雨入りと梅雨明けの発表が行われている。梅雨前線は五月ごろに中国南部にかかり始め、下旬にかけて台湾、六月中旬に上海、下旬にソウルに達して、その後北京に到着する。北京では梅雨が八月にかけて続くのだが、実は二〇〇八年の北京オリンピックも雨季真っ只中での開催となった。

開会式の当日も北京では雨が予想されていたが、風上の地域に約一〇〇〇発の降雨ロケットを発射し、そこで人工的に雨を降らせた。この作戦が功を奏して、河北省では一〇〇ミリの大雨が降ったが、北京には乾いた風だけがやってきて、開会式を涼やかに演出したということである。そんな中国は、二〇二五年までに生産性の向上や自然災害の防止を目的に、国土の半分で人工降雨を施す予定だという。中国は一九六〇年代から「クラウド・シーディング・プロジェクト（雲の種まき計画）」と呼ばれる、独自の気象改変戦略に着手している。

これに対して周辺国は、雨を横取りされてしまうと戦々恐々としている。雨が戦《いくさ》の勝敗を決める時代から、争いの火種となる時代に突入している。

＊6　『雨のことば辞典』倉嶋厚・原田稔編著（講談社学術文庫）

＊7　「平成30年7月豪雨をもたらした大気の川の特徴」釜江陽一

アジアと台風

戦後の自然災害で、二〇一一年の東日本大震災、一九九五年の阪神・淡路大震災に次ぐ多くの死者を出したのが一九五九年の伊勢湾台風である。今後、温暖化によって台風が〝少数精鋭〟化していく中で、いまだかつて経験したことのない「スーパー台風」が襲来する恐れもある。

冒険家マゼランが「平和な海」と呼んだことから名付けられた「太平洋」は、穏やかすぎて船乗りを狂乱させる海でもあった。太平洋の真っ只中、陸地に辿りつかない船にしびれを切らした乗組員はこう嘆いている。「三カ月と二〇日のあいだ、新鮮な食べ物は何一つ口にしなかった。ビスケットを食べていたが、虫がうじゃうじゃ湧いており、ネズミの小便のにおいも染みついていた。日数がたちすぎて、腐敗し黄色くなった水を飲んだ。帆《ほ》桁《げた》に張り付けてあった牛の皮さえも食べた[*8]」。穏やかな海だったが、船内は地獄そのものだった。

アフリカゾウ二五頭分の巨岩を運んだ

太平洋は地球全体の三割の広さを持ち、その水量は世界の海洋の半分にも及ぶ。太平洋はあまりに広すぎるから、気象研究の観点から三つに分けられていて、北半球には、アメリカ西海岸沖から日付変更線にかけての「北東太平洋」、日付変更線からアジア沖の「北西太平洋」が、南半球には「南太平洋」がある。そのうち日本も面する北西太平洋で発生し、一〇分間平均で秒速一七メートル以上の風を吹かせる熱帯生まれの低気圧を「台風」と呼ぶ。

日本の天気に大きく影響する北西太平洋は、世界でもっとも物騒な海域である。というのも、ここは世界でもっとも多くの台風を生みだす海域だからである。地球全体では年平均八〇個ほど誕生するが、その約三分の一に当たる二五個ほどがここで発生するし、嵐の世界記録も叩き出している。

まず、二〇二〇年の台風一九号（コーニー）は、アメリカの分析によるとフィリピン上陸時の最大風速が八七メートル（一分平均）と、上陸台風としては世界最強となった。さらに、悪名高き二〇一三年の台風三〇号（ハイエン）は、フィリピンのサマール島に巨大な高潮をもたらし、重さ一八〇トンもの巨岩を海岸に打ち上げた。これはアフリカゾウ二五頭分の重さに匹敵し、台風が運んだ自然界の物体としては、世界最重量といわれている。このように北西太平洋は、嵐の記録覇者を次々と輩出しているのである。

　さらに日本を縦断して甚大な被害をもたらした一九七九年の台風二〇号（国際名：チップ）は、中心気圧が八七〇ヘクトパスカルの、世界の観測史上もっとも中心気圧の低い台風だ。一般に気圧が低い台風ほど、風が強くなるのだが、古今東西どの海域を見渡しても、これより低い気圧を持った嵐は記録されたことがない。また普通、小型の台風のほうが強い勢力を維持しやすいのだが、二〇号は常識破りで、直径二二〇〇キロを超える強風域をもつ世界最大の台風でもあった。最盛期には海の上にいたが、その後日本に上陸して一一〇人の命を奪っていった。

　驚く人もいるかもしれないが、当時は台風の目の中に専用の航空機が直接突っ込んでいって、計測器を落として気圧を測定していた。だから、この八七〇ヘクトパスカルという数値は、正真正銘の実測値である。「台風チェイサー」などというが、この勇猛果敢なアメリカ軍の〝特攻部隊〟による観測は一九四四年に始まり、一九八〇年代に廃止されている。それからは衛星画像から台風の気圧を推測する、安全だが少し味気ない時代に変わった。ちなみにアメリカ周辺では今もハリケーンの航空観測が行われていて、縁あって搭乗させてもらった友人は嘔吐が止まらなかったと嘆いていた。

保険の支払額が史上最高に

　この台風製造マシーンの太平洋を目前に、何のバリアもなく佇《たたず》んでいるのが日本列島である。上陸数は年平均三個、これに主要四島以外の沖縄などの島や、陸に上がってもすぐに海に出るという〝通過〟した台風を加えるともっと増える。過去最強とされる台風は中心気圧九二五ヘクトパスカルで上陸した一九六一年一八号の第二室戸台風、死者数がもっとも多い台風は一九五九年一五号の伊勢湾台風で、高潮の影響などで五〇〇〇人以上が犠牲になった。近年はインフラの整備、予報技術の向上、防災への関心の高まりなどで、犠牲者の数は激減している。ただ、ここ数年は、強力な台風が都市部を直撃して、多額の保険金が支払われている。

　二〇一八年九月に二五年ぶりとなる「非常に強い」勢力で西日本に上陸した台風二一号は、西日本の大都市圏を襲った。関西国際空港では観測史上最大瞬間風速となる五八・一メートルの突風が吹き、強風で押し流されたタンカーが連絡橋に衝突した。さらに前例のない巨大な高潮が滑走路やターミナルを水浸しにして、空港内では三〇〇〇人が足止めを食らい、ベンチや床の上で夜を明かした。市街地では屋根が舞い、巨木が倒れ、京都にある任天堂本社のロゴの「N」の文字もどこかに吹き飛んでしまった。そんなこんなで二〇一八年度は、損害保険の支払額が風水害としては国内史上最高額となる一・六兆円となり、青ざめた保険会社は相次いで保険料を引き上げた。

その翌年は、元号が平成から令和になった記念すべき年だったが、都心を含む東日本を台風一五号（ファクサイ）と一九号（ハギビス）が立て続けに駆け抜けていった。一五号は千葉県のゴルフ練習場の鉄柱を倒し、一九号は箱根で日降水量の国内新記録となる九二二・五ミリの雨を降らせ、土砂災害や洪水で九〇人以上が命を落とした。強い竜巻も現れて、千葉県では横倒しになった車から男性が遺体で発見されている。

気象庁気象研究所が、過去四〇年間の台風の経路を調べたら、近年は太平洋側が台風にねらわれやすくなっていたことがわかった。分析によれば、日本の太平洋側に近づくケースが増えていて、前半の二〇年と後半の二〇年を比べると、東京は五割、名古屋は三割も接近数が増えていたそうである。その理由は、台風の進路を決定する太平洋高気圧が北と西に大きく張り出していたためというが、この傾向がこのまま続くかは分かっていない。

エリート化する台風

そのほかにも、台風に不穏な変化が起きている。まず雨量が増えていること。スーパーコンピューターの計算では、もし温暖化していなかったら二〇一九年の台風一九号の雨量は一割ほど少なかっただろうという。

ただ台風の数は減るかもしれないそうである。地球が暖まると、台風の生まれ故郷の熱帯では上空の空気も暖まり、空の高いところと低いところで温度差が狭まっていく。すると大気が安定するので、雲が発達しにくくなるというのである。数が減るのは万々歳だが、しかしながら強い台風は増えるだろうと言われている。それは植物の間引きに似ていて、引っこ抜かれなかった元気な苗が土壌の養分を独り占めしてぐんぐん育っていくように、台風もライバルが減る中ひとけのない海上でぬくぬく水蒸気を独り占めし、超エリート化していくのである。だから、これまでは日本に上陸したことのない「スーパー台風」のような超強力な台風が、今世紀中に日本にやってくる可能性も指摘されている。近頃よくこの「スーパー台風」という言葉を耳にするようになったが、これは米軍が使っている台風のスケールの中で最も強いカテゴリーで、最大風速六七メートル（一分平均）以上の台風を指す。日本の気象庁の分類では、最強カテゴリーの「猛烈」に相当する。もし上陸されたら、日本が超巨大な竜巻にひとのみにされるのと同じようなことになり、目も当てられないような被害が出る可能性が高い。しかも台風は今後、上陸後にスピードが遅くなるという予測も出ているから、台風の影響が長引いて恐ろしさはこの上ない。

マゼランが穏やかすぎると言っていた太平洋も、いまや変わろうとしている。

＊8　『マゼラン　最初の世界一周航海——ピガフェッタ「最初の世界周航」・トランシルヴァーノ「モルッカ諸島遠征調書」』長南実訳（岩波文庫）

豪雪

村上春樹氏は『ダンス・ダンス・ダンス』の中で、物書きは「文化的雪かき」であると表現している。雪かきは、誰かがやらなければならない肉体的な仕事。書くという仕事は、文化的な雪かきだと。実は、日本は世界有数の〝雪かき大国〟である。日本が持つ知られざる積雪記録と、豪雪が降る理由とは。

その昔、寒さが豊かさを表わすという偏見から、「雪」が先進国の象徴とみなされる時代があった。だから海外向けの日本の紹介写真には、決まって雪景色が登場した。それは何も雪が綺麗ということだけではなく、先進国であるというアピールだったのである。今となっては、アラブ諸国やシンガポールなどの活躍で、そうした先入観は薄れてきたものの、雪が豊かさの象徴であるというのなら、日本は申し分のない裕福な国といえる。なぜなら、我が国は世界でもっとも雪深いからである。

日本が持つ世界一の積雪記録

その証拠に、世界一の積雪記録は滋賀県の伊吹山で作られている。一九二七年二月一四日、雪の高さが一一メートル八二センチに達し、並み居るライバルの記録を抜いて世界一となった。その高さは四階建てのマンションや、鎌倉大仏の座高に相当するほどで、いまだにこの記録は破られていない。また青森県の酸ヶ湯《すかゆ》は、混浴の大浴場で有名な標高九二五メートルの高地だが、ここは世界でもっとも降雪量の多い場所の一つとされている。つまり、積もった雪の深さではなく、空から降ってきた雪の総量が多いのである。気象史学者のクリストファー・バート氏によれば、酸ヶ湯に降る雪の量は年平均一七メートルで、世界一だそうである。それなのに積雪の最大記録は五メートル六六センチと、伊吹山の半分ほどしかないのは、大雪が降る割には標高が低いために、春夏に気温が上がって雪が解けてしまうからである。

このように積雪、降雪共に世界一の日本だが、世界でもっとも雪深い都市もまたわが国にある。アメリカの天気予報提供会社アキュウェザーの二〇一六年の記事によれば、それは人口三〇万人の青森市で、その年間降雪量は八メートルにも達する。二位が札幌市、三位が富山市で、アメリカでもっとも雪の多いニューヨーク州シラキュースやカナダのケベックシティですら足元にも及ばない。

このように雪の量で世界を圧倒するわが国は、雪の降る面積でも他を寄せ付けない。積雪が五〇センチ以上ある日が年に一〇〇日以上あって、産業の発展が停滞し、住民の生活水準の向上が阻害されている「豪雪地帯」の面積は、日本の国土全体の半分を占めている。そこには全人口の一六％に相当する二〇〇〇万人がたくましく暮らしている。

一〇〇〇台超の車が立ち往生

豪雪地帯にこれだけの人が住んでいるのだから雪害が絶えないのも無理はないが、近年は豪雪による車の立ち往生のニュースもよく耳にするようになった。しかも一〇〇〇台以上の車が数日間も八方ふさがりという深刻な事態も少なくない。近年の新聞記事で、振り返ってみよう。

「立ち往生が解消　関越道大雪、発生二日―新潟」

立ち往生は一六日午後発生。車内の人には飲料水やガソリンなどの支給が続けられたが、消防によると、新潟、群馬両県で、体調不良を訴えるなどした男女計五人が病院に搬送された。
同社（東日本高速道路）や陸上自衛隊などは約七〇〇人態勢で除雪を急いだが、車と車の間に積もった雪を手作業で除いて一台ずつ車を出すしかなく、難航した。
関越道上り線では、大型トラックが雪で動けなくなるなどし、一六日午後六時ごろ、立ち往生が発生。最大時の一七日午後一時時点では、上り線で一七五〇台、下り線で三五〇台の計二一〇〇台が巻き込まれた。下り線は一八日朝までに解消された。（略）
記者会見した同社の小畠徹社長は「これだけの雪が短時間で降ると予測できなかった。事前に通行止めにするまでに思いが至らなかった」と述べ、判断が適切だったか今後検証するとした。

（二〇二〇年一二月一八日／時事通信）

「福井大雪　一〇〇〇台超立ち往生　北陸道で一時　陸自　災害派遣」

日本海側を中心に降った大雪の影響で、福井県の北陸自動車道の上下線では九日午後以降、一時一〇〇〇台を超える車の立ち往生が起きた。立ち往生は富山県の東海北陸自動車道でも発生。両県は陸上自衛隊に災害派遣を要請した。（略）

> 気象庁によると、福井市の九日（二四時間）の降雪量は五四センチを記録。九日に上下線の複数の場所でスリップ事故が発生し、一部区間が通行止めとなった。付近で渋滞が起き、停車中に路面に雪が降り積もるなどしたため、動けない車が出たという。
> 一〇日午前、陸上自衛隊の隊員や中日本高速道路の職員らが、車の周囲の雪をスコップで取り除いたり、食料や燃料などをドライバーに配布したりした。福井県によると、車内にいた四人が体調不良を訴えたという。
> （二〇二一年一月一一日／読売新聞）

これらの立ち往生に共通することは、通行止めが遅れたこと、さらに記録的な大雪が降ったことである。実は、冬が暖かくなると〝ドカ雪〟が増える可能性がある。その理由は、雪が降るメカニズムに隠されている。

日本海は雪製造マシーン!?

冬の間、中国大陸の北部を冷たい空気が覆い、「シベリア高気圧」ができる。これは世界一重い高気圧で、過去に数回一〇八〇ヘクトパスカル台（ロシアほか）の気圧が記録されている。一方で、北海道の東の海上には低気圧ができて、日本を挟んで西高東低の気圧配置となる。風は気圧の高いほうから低いほうに向かって流れるので、間に挟まれた日本の上を西から東に冷たい風が吹き抜ける。風上では乾いていた強烈な寒風も、暖かな日本海の上を吹くことで水蒸気を補給され、日本に着くころには、湿った冷たい風へと変質している。この風が、日本の南北に走る山脈にぶつかって上昇し、雪雲を作り、日本海側の地域に大雪を降らせるのである。日本海はまるで雪製造マシーンのようで、そこから降ってくる雪は「海水効果雪」と呼ばれる。

　冬の衛星画像で見てみると、雲の筋が何列も並んでいることがある。さらに目を凝らしてじっと見ると、その中にひと際太い雲の帯が発達していることがある。これを「ＪＰＣＺ」と呼ぶ。日本名は「日本海寒帯気団収束帯」だが長いので、英語名の頭文字を拾ってこう呼ばれることが多い。どうやってできるのか。まずシベリアから吹く西の風が北朝鮮と中国国境の白頭《ペクト》山《サン》にぶつかって枝分かれし、分流した空気の流れが日本海上で合流して太い雲の帯ができる。このＪＰＣＺがかかる場所では特に大雪が降って、一日で一メートルも積もることすら珍しくない。先述した一九二七年の滋賀県伊吹山では、一日に二メートル超えのドカ雪を降らせたものだから、世界がたまげる積雪記録となった。

ドカ雪は増えていく

　では本題に戻ろう。なぜ温暖化でドカ雪が増えるのだろうか。そもそも暖かくなれば、雪が減るはずであり、実際、東京の年間降雪量は、三〇年前の平年値に比べて三割減、鹿児島は五割減、大阪にいたっては七割減となっている。

　しかし、今後は日本海側で雪がどさっと増えていくかもしれないという。一体どういうことなのか。それは日本海の海水温の上昇で、大陸からやってくる風にたくさんの水蒸気が補給され、しかもたとえ気温が上がったとしても、北海道や北陸の山地などでは氷点下のままだからドカ雪が増えるだろうと予想されているのだ。実は同じような理由から、カナダとアメリカの国境にある五大湖周辺で降る雪もまた増えていくかもしれないそうである。

　世界有数の豪雪地帯である日本では、むろん雪による死亡事故も多く、年によっては一〇〇人以上が命を落とすことがある。犠牲者の七割は六五歳以上の高齢者で、死亡事故の主な原因は、落雪や雪下ろしによる転落、さらに除雪の際の水分補給不足に伴う心筋梗塞や脳梗塞などだそうである。積雪が三〇センチを超えると、屋根からの転落事故が急増するという研究もあるから、リスクを考えれば雪下ろしはしない方がいいのだろうが、そうはいかない大事な理由がある。それは屋根の雪が想像以上に重いことである。ちなみにアメリカでは雪下ろしや除雪作業で年間一〇〇人が死亡するという統計があるのだが、雪などの悪天候による自動車事故の死者数はそれを遥かに上回る八〇〇〇人である。

ティラノサウルス一〇頭分の雪の重さ

雪はどれほど重いのだろうか。湿った雪は粉雪よりも六倍以上重いという。同じ一立方メートル当たりの重さで比べると、たくさん空気を含んだ粉雪は五〇キロ程度なのに対し、多量の水を含んだ湿り雪は三〇〇キロにも達する。だから、もし一〇〇平米の屋根の上に均一に雪が二メートル降り積もったとしたら、重さは六〇トンに及ぶことになる。六〇トンはどれほど重いかと言えば、元横綱・白鵬だと約三九〇人分、恐竜ティラノサウルスだと約一〇頭分に相当する。屋根からの転落と同様に恐ろしいのが落雪で、それによる死者数は、雪の死亡事故全体の一三％にも上るという。ある統計では、一〜二メートルの雪に埋没した場合、二五％の人が即死するというが、温暖化によって生存率がさらに低くなるかもしれないそうである。というのも、気温が上がって湿り雪になれば重くなるし、またるのである。

だから重かろうが、危険だろうが、誰かが雪かきをしなければならない。悲しき雪国の宿命である。そんな雪かきに文章を綴る苦労を重ね合わせた村上春樹氏は、書くことを「文化的雪かき」と表現した。物書きには人知れない苦悩と、社会的使命感があるのだろう。そういえば、国土の大半が雪に覆われたアイスランドは、一〇人に一人が生涯に一冊本を出版するそうで、世界でもっとも出版率が高いと聞いた。雪国は裕福なだけでなく、文化的にも豊かな国なのかもしれない。

高温

二〇二一年の東京オリンピックは、日本の夏の暑さが世界でもとりわけ厳しいことを露呈する大会となった。太平洋高気圧のもたらす猛烈な湿気には、一流選手もお手上げだった。温暖化が進めば、暑さはさらに過激になって、猛暑日どころか、四〇℃超えの〝激暑日〟が普通になるかもしれない。

二〇二一年の夏、東京五輪の取材に訪れたアメリカ人記者の目には、日本の夏がこう映ったようである。「モダンで、フレンドリーで、美しくて、清潔である。信じられないくらい素晴らしい都市だ。この時期を除けば」。

東京の夏は「晴れて、穏やかで、アスリートが実力を発揮できる、最適な天候」と、盛り気味にアピールしてみたものの、ふたを開けてみれば、トライアスロン選手が路上で倒れ、テニス世界王者も悲鳴を上げるなど、オリンピック史上最悪の炎暑となってしまった。アメリカ気象局が用いる体感温度の指標「ヒートインデックス」を使って、この暑さを数値で見直してみると、五輪期間中に東京で観測された気温三四・八℃、湿度五五％の状況は、体感温度四三℃に相当していたことになる。このレベルは、熱けいれんや熱疲労の危険が高く、長い間太陽の下で運動をすれば熱中症が起こるとされている。どうりで一流アスリートも音を上げるわけである。

さすがに、マラソンと競歩だけは、札幌での〝避暑地〟開催が許された。札幌は東京から北に八〇〇キロ、夏の日中の気温は東京よりも五、六℃低い。ところがオリンピックが始まると、札幌の方が東京よりも暑いという想定外の事態が起きてしまった。間の悪いことに、二〇二一年の夏は北海道を記録的な熱波が襲ったのである。小平町《おびらちょう》という、かつて炭田で栄えた小さな町では、気温が三八・七℃まで上がって、北海道内の八月の観測史上最高気温を塗り替えた。また札幌は一八日間連続で気温が三〇℃を上回り、一八七九年の統計開始以来もっとも長い真夏日連続記録となった。予想外の暑さに青ざめた大会関係者は、朝七時に予定されていた女子マラソンのスタート時間を、急遽《きゅうきょ》競技前日の夜に一時間前倒しにすると発表したほどである。

その夏は、太平洋高気圧がいつもより北に張り出し、連日晴天が続いて熱が毎日積み重なったうえ、近年の温度上昇やヒートアイランド現象などの影響が加わったとみられる。

札幌の年平均気温は、過去一〇〇年間で二℃も上昇している。

暑さの元凶、太平洋高気圧

日本の夏がすこぶる不評なのは、高い湿度のせいであることは誰もが頷《うなず》くところである。その昔、兼好法師も「家の作りようは夏を旨とすべし（住まいは夏に快適に過ごせるように作るべし）[*9]」と忠告したように、夏の暑さは冬の寒さよりも耐え難い。体にねっとりとまとわりつく夏の蒸し暑さを作り出すのが「太平洋高気圧」である。

太平洋高気圧は、一昔前まで「小笠原高気圧」と呼ばれていた。これは天気図がまだ日本周辺だけをカバーしていた時代の名称である。つまり天気図の範囲が小さく、太平洋全体が見渡せなかったために、高気圧の中心が小笠原付近にあるように見えたのである。しかし実際のところ太平洋高気圧は巨大で、東はアメリカ西海岸、西は日本、時に中国大陸にまで達し、北太平洋をすっぽり覆うほどの広さがある。実際のへそはハワイ付近にあるから、本来は「ハワイ高気圧」と呼んでもよさそうなもので、暖かい海上を住処《すみか》にするから日本列島にサウナのような夏をもたらすのである。

このように、蒸し暑さの原因は太平洋高気圧にあるとして、四〇℃を超えるような異常高温が起こる場合には、他にも原因があることが多い。たとえば二〇二〇年八月一七日に静岡県の浜松市で国内最高気温タイの四一・一℃が記録された時にも、いくつかの原因が絡みあっていた。

猛暑をもたらす〝高気圧二段重ね〟

まず一つが「チベット高気圧」である。太平洋高気圧が、ハワイの方、つまり東から日本に張り出してくる高気圧だとすれば、チベット高気圧は、西の中国大陸から張り出してくる高気圧である。標高が高いチベット高原は、強い日光が照らすため空気が暖まりやすい。すると空気が膨張するのだが、下はチベット高原、上は成層圏という天井に挟まれ、空気は圧縮され、密になって高気圧になる。まるで、小さな箱の中で風船を膨らました時のように、大きくなれない風船の中では空気がパンパンになって気圧が高くなる。

チベット高気圧もまた、太平洋高気圧に負けず劣らずの巨大サイズで、チベット高原を中心に、東はアジア、西はアフリカ大陸の北部までを覆うことがある。空の高いところにできている高気圧だから、大陸から日本に勢力を広げても、太平洋高気圧の陣地には影響を与えない。だからチベット高気圧の勢力が強く、日本にも張り出してくるようなときは、日本に二つの高気圧が積み重なって、連日の晴天と猛暑をもたらす原因となる。

二〇二〇年に浜松で四一・一℃が観測されたときには、この〝高気圧二段重ね〟に加え、フェーン現象が起きていた。フェーン現象とは、湿った空気が山を上り下りすると乾いた熱風に変わるという、手品のような現象である。

マジックのタネは空気の性質の違いで、湿った空気は温度が変わりにくく、高度一キロごとに気温が六℃変化するのに対し、乾いた空気は温度が変わりやすく、一キロごとに一〇℃も変化してしまうことにある。まず湿った空気が徐々に気温を下げ、雲を作り雨を落としながら山肌を駆け上がる。頂上ですっかり乾ききった空気は、今度は一気に昇温しながら山肌を駆け下りる。結果、乾いた熱風が吹き付け、山火事が起きやすくなるうえに、プラスイオンを発生させて人を短気にさせたり、憂鬱《ゆううつ》な気分にさせたりするなど、マイナスの副作用もあるという。

全国平均の倍速で昇温する東京

日本では一九九〇年代以降から高温の年が多く現れるようになっている。夜の気温が二五℃を下回らない「熱帯夜」や、日中の気温が三五℃を超える「猛暑日」が増え、一方で、冬には一日中氷点下となる「真冬日」が減っている。特にヒートアイランド現象の影響も受ける東京の気温上昇は甚だしく、年平均気温が一〇〇年で二・四℃上昇、これは国内平均のおよそ倍に当たる。

気温が上昇する中、年々増えているのが熱中症で、定義は「高温多湿な環境下で、体内の水分や塩分のバランスが崩れたり、体内の調整機能が〝破綻〟するなどして発症する障害」である。厚生労働省の調べによると、死亡者は一九九三年以前には年平均で七〇人程度だったものの、それ以後は七〇〇人近くまで急増している。死者の内訳は圧倒的に男性が多いのだが、それは屋外労働者が多いことの他に、男性は相対的に筋肉量が多いため体温が上がりやすいことなども関係しているという。また幼児は大人よりも汗腺が未発達のため汗をかきにくく、熱中症にかかりやすい。さらに乳幼児の場合、熱中症による死亡者の半数が車内に放置されたことが原因という、心の痛む統計もある。

日本の暑さは、これからどれほど厳しくなっていくのだろうか。環境省が発表した二一〇〇年の未来の天気予報の内容はこうである。もし温暖化がこのまま進めば、八月には札幌を含めた全国の観測地点の約二割で最高気温が四〇℃を超える「激暑」となり、ある日の東京では四二・八℃、熊谷では国内最高の四四・九℃となる。さらに熱中症で一万五〇〇〇人が亡くなり、そのうえ真冬でも東京の最高気温は二六℃の夏日となって、熱中症は季節病ではなくなる。

二〇八五年に夏季五輪ができる八都市

こうなると、東京で三回目の夏季五輪など夢のまた夢である。しかしそれは日本だけのことではなくて、半世紀後には夏季五輪が世界のほとんどの都市で開催できなくなってしまう可能性があると、カリフォルニア大学バークレー校のカーク・スミス教授らは分析している。研究によれば、二〇八五年に夏のオリンピックが開催できるのは、西ヨーロッパを除いた北半球の五四三の都市のうち、たった八か所に限られるという。その希少な場所はどこかと言えば、サンクトペテルブルクとクラスノヤルスク（ロシア）、リガ（ラトビア）、ウランバートル（モンゴル）、ビシュケク（キルギス）、カルガリーとバンクーバー（カナダ）、そしてサンフランシスコ（アメリカ）で、カルガリーやバンクーバーなどのように、かつての冬季五輪の開催地が、夏季五輪に適していくようになるという。すでにバンクーバーは冬にオリンピックを開くには暖かすぎて、二〇一〇年の冬季五輪では記録的な雪不足のため山肌が見えていたし、それを白く塗りつぶすために、ヘリコプターやダンプカーで連日必死に雪を運んだほどだった。

この時の新聞にはこう書かれてある。「バンクーバーには何でもある。雪を除いたら……[＊10]」。どこかで聞いたフレーズである。

＊9　『徒然草』吉田兼好（兼好法師）著

＊10　「Olympics: Vancouver has everything but snow as village opens」Otago Daily Times, 19 Feb 2010

桜

菊に並び日本の国花となっている桜。二〇二一年には京都で、一二〇〇年の歴史上もっとも早く満開になった。今後も気温が上がればさらに開花が早まるだろうが、反対に開花しなかったり、花が咲き揃わなかったりするケースも出てくるという。

平安の色男、在原業平《ありわらのなりひら》さえも、桜の美しさには胸騒ぎが止まらなかったようである。

「あぁ、もしこの世に桜などなかったならば、春の心は穏やかでいられたのに」

（世の中に／たえて桜の／なかりせば／春の心は／のどけからまし）[*11]

花が散るのが気になって、どうも落ち着かないという。そんな業平に、慰めの歌を贈った者がいた。

「桜は散るから素晴らしいのです。辛い世に永遠にとどまっているものなどあるでしょうか」

（散ればこそ／いとど桜は／めでたけれ／憂き世になにか／久しかるべき）[*11]

桜の花は開花から満開までが一週間、それから散るまでが一週間と、およそ半月の短い命である。風速が六メートルを超えると花吹雪が起こり、花は一気に姿を消す。しかし先の歌がいうように、もし桜がずっと咲いていたら美しさは半減するだろう。同じようなことは虹にも当てはまって、「虹が一五分も出ていたら、見向きもされない」[*12]と、文豪ゲーテは名言を残している。

一二〇〇年でもっとも早い満開

パッと咲き、あっという間に散る桜は、はかない人生と重なりあい、昔から数多くの文献に記されてきた。おかげで、わが国には世界が仰天するほど長い桜の〝統計〟が存在する。大阪府立大学の生態気象学研究グループは、『日本後紀』などあらゆる史書や藤原道長、藤原定家などの日記を紐解いて、西暦八一二年からの桜の満開日をしらみつぶしに調べあげた。すると二〇二一年には、過去一二〇〇年の歴史の中で、もっとも早く京都で桜が満開になっていたことがわかったという。その年、京都の標本木である二条城の桜は三月二六日に満開が宣言された。

一二〇〇年の記録の中で最速という、この〝大発見〟は、海を渡り、地球規模の大ニュースとなった。米ボストン大学の教授らが「九世紀まで遡《さかのぼ》る京都の花見の記録は、季節学で世界最長の記録だろう」と、ベタ褒めしたほどだった。

クローンのソメイヨシノ

三〇〇種以上ある桜の中で、もっとも親しまれているのがソメイヨシノである。母にエドヒガン、父にオオシマザクラを持つ、江戸時代に誕生した日本固有の桜である。一斉に咲き始めるので、昔から生物季節観測に利用され、春の到来を知らせるよい指標となっている。しかしなぜ、ソメイヨシノは同時に咲くのだろう。

ソメイヨシノの元をたどっていくと、ある木にたどり着くという。千葉大学の中村郁郎教授によれば、その木は上野動物園の正門そばの小松宮彰仁《あきひと》親王像近くに立っているという。ソメイヨシノの木は、種で自然に増やせないから、切った枝を土台の木に挿《さ》す「接《つ》ぎ木《き》」などの方法で増やしていく。こうやって上野の桜と同じ遺伝子を持った弟妹が日本各地に植えられたため、同じ気候条件の下では揃って咲くというわけだ。

桜の開花を早める条件

二〇二一年は天候のめぐりあわせによって、ソメイヨシノが前例のない早さで、息せき切って日本列島を駆け抜けていった。まず広島市では全国の先陣を切って三月一一日に開花し、東京は三月一四日に平年を一〇日も上回る早さで花が咲き、観測を始めて以来もっとも早い開花となった。

何が劇的に開花を早めたのだろうか。それは急激な温度変化であった。花の芽は夏に作られた後に一時眠りに入るのだが、冬になってしばらく寒さにさらされると目を覚ます。これを「休眠打破」という。目覚めた花芽は気温の上昇とともに膨らんでいって、やがて開く。つまり桜が早く咲くためには、花芽が覚醒するためにガツンとした寒さを経験し、その後ポカポカ陽気が続くことが必要というわけである。

二〇二一年は過去の文献には例がないほど、桜が早起きせざるを得ない条件が整っていたようである。まず年明けに「年越し寒波」とか「七草大寒波」などと名のついた、稀に見る強い寒気が日本にやってきて、低温や積雪の記録を次々に更新した。このとき群馬県では三日間で二メートル以上という記録的な大雪が積もり、落雪が相次いで死者も出た。ところがその強烈な寒さは、立春前に影を潜め、観測史上もっとも暖かい二月となった地域もあった。

便利な「四〇〇℃の法則」

　では早春にどれだけ暖かくなれば花が開くのだろうか。一般的に、二月一日からの日平均気温を足し合わせていって、四〇〇℃になった頃に開花することが多いと言われている。これは「四〇〇℃の法則」と呼ばれ、桜の開花予想の目安としても重宝されている。

　桜の開花予想といえば、二〇〇九年までは気象庁の専売特許だったが、その後は民間気象会社が引き継いでいる。開花日とは、「標本木に五〜六輪の花が咲いた」状態だが、各社がしのぎを削って、独自のマル秘計算法を駆使して予想に挑んでいる。日本で開花予想が始まったのは一九五〇年代で、気象庁の職員であった市川寿一氏がつぼみの重さを測って予測を立てたのが始まりだそうである。市川氏は、赤ちゃんの体重変化から発想を得て、つぼみ一〇個が一グラムになると約一〇日後、二グラムを超えると三日以内に咲くという自然の法則を見つけたと、直接話を聞いた気象キャスターの森田正光さんは著書に記している[*13]。

　開花予想は、お隣の国、韓国でも盛んに行われている。今は日本同様、民間会社が予想を担い、気象局が開花発表を行う。ただ日本と異なるのは、開花日の定義が「三輪以上」と、日本の基準よりやや緩いことである。ソウルの標本木は気象局の敷地内にあって、毎年四月一〇日頃に開花する。しかしここ数年は記録的に早く桜シーズンがやってきて、二〇二〇年には三月二七日に一九二二年の観測開始以降で最も早く桜が咲き、翌年はそれより三日早まって、その記録を再び更新した。ソウルと東京はよく似ていて、東京も二〇二〇年、二〇二一年に開花の最速記録を塗り替えている。

四月一日の桜前線は一〇〇キロも北上

桜の季節はどんどん前倒しになっている。たとえば過去五〇年間の東京のソメイヨシノの開花日の統計をとって確かめてみよう。東京の開花日の目安とされている標本木は、靖国神社の境内に立っているが、この木の開花日の移り変わりを見てみると、一九六六年から一九七五年の一〇年間の平均開花日は三月三一日頃だったが、二〇〇六年から二〇一五年は三月二三日頃となっていた。つまり五〇年間で約一週間も早まっている。

次は、開花日が同じ場所を線で結んだ、桜前線の統計（図2）を見てみよう。四月一日の桜前線の位置を、最近と約半世紀前で見比べてみると、一〇〇キロ近くも北上している

図２　桜（ソメイヨシノ）の開花日の変化

4月1日までに開花するところは1956年～1985年には三浦半島から紀伊半島にかけての本州の太平洋沿岸と四国、中国地方だったが、1991年～2020年では関東地方北部から北陸西部にまで北上している。（気象庁HPより）

ことが分かる。それまでは関東南部にあった桜前線が、今や関東北部や北陸地方の一部にまで達しているようである。

今後、桜のシーズンはどれほど早まってしまうのだろうか。九州大学大学院の伊藤久徳教授（当時）らの研究（二〇〇九年）によれば、二一〇〇年ごろに日本周辺の気温が二～三℃上昇したとすると、東北地方の開花は今より二～三週間前倒しになるという[*14]。そうなれば、入学式に桜、という組み合わせは昔話となってしまう。

反対に、冬が暖かく桜が休眠打破できなくなる九州では、一～二週間開花が遅くなるという。かてて加えて、桜が一切開花しなかったり、仮に咲いたとしても、だらだらバラバラに咲いて、八割が一斉に咲くという〝満開〟の定義に至らないケースも出たりするという。実際に、二〇〇七年には暖冬の影響で、八丈島で桜が満開に達しなかった例がある。そこで気象庁は二〇二一年より定義を変え、八割が同時に咲いている必要はないとした。つまり花が咲き揃っていなくても、つぼみの割合が全体の二割以下になった状態を満開としたのである。

花見に憧れた女流作家

満開に至らなかった例といえば、米ワシントンＤＣのポトマック河畔にある国立公園の話が思い出される。二〇一七年は桜が異例の早さで開花したものの、直後に強烈な寒波が押し寄せて、氷点下の寒さが三日ほど続いた。結果、今にも咲きそうだった、はち切れんばかりに膨らんでいたつぼみがことごとく凍って枯れ、半分ほどのつぼみが落ちて、満開に至らなかったのである。春の気温が上がって桜の開花が早まると、桜が寒気に襲われるリスクも高まるので、こうした残念な事態が起こる可能性も増えていく。

ところで、ワシントンＤＣの桜並木について少し詳しく紹介しよう。一九一二年に当時の東京市が、日米の友好の印として贈った桜で、ポトマック川沿いに約三〇〇〇本も植えられている。日本から贈呈されたきっかけは、アメリカ人紀行作家のエリザ・シドモアが、来日中に人々が花見に興じている姿を見て、アメリカでも再現したいと思ったからだという。つまるところ、シドモアの興味を引いたのは、桜より宴会だったようだ。公園で合法的にお酒を飲める国は世界を見渡してもそうはない。

このワシントンの桜を見に、毎年七〇万人が国内外から訪れる。だから桜の開花状況は世界的な関心事であり、国立公園局は毎年、満開日の予想を発表している。この重大任務を担うのが、公園スタッフの園芸家である。プロの目による入念な観察と、気象局の春先の天候予測を、独自の計算式に当てはめて予想を立てている。ちなみに、アメリカの桜の満開の定義は、七割の桜が一斉に咲くことである。だから、日本の八割よりも少ない。

国立公園局は、満開日は予想するが、日本のように開花日の予想はしていない。その代わり、桜の成長ぶりをホームページ上に載せて、逐一更新している。では、どうやって成長を報告しているのだろうか。なんと、つぼみだけで五つの段階に分けて、それぞれに達した日を記録しているのである。園芸家ならではのオタッキーさがうかがえる。

ワシントン少年を罰しなかったのは……

アメリカの桜の花ことばの一つに「優れた教育」がある。それは、地名ワシントンの由来となった、初代アメリカ大統領ジョージ・ワシントンにまつわる逸話に基づいている。ワシントンが六歳のころ、買ってもらった斧で父親が大切にしていた桜の若木を切ってしまった。怒った父親が問いただすと、ワシントン少年は「僕は嘘をつけません。僕が斧で切りました」と自白したという。実際はワシントンの伝記を書いた著者が作り上げたフィクションだそうだが、この美談は特に子を持つ親の間でもてはやされ、そこから「優れた教育」という花言葉が与えられたそうである。

この話を展開させた、先生と生徒のおかしなジョークがある。

先生「ジョージ・ワシントンは、父親の桜の木を切ったことを認めました。ではルーシー、
父親はなぜ息子を罰しなかったと思いますか」

生徒（ルーシー）「はい。ジョージはまだ手に斧を持っていたからです」

＊11 『伊勢物語』作者不詳

＊12 『Maximen und Reflexionen（格言と反省）』ゲーテ著

＊13 『雨風博士の遠めがね　お天気不思議ものがたり』森田正光著（新潮社）

＊14 「わが国のサクラ（ソメイヨシノ）の開花に対する地球温暖化の影響」農業気象、二〇〇九年、丸岡知浩・伊藤久徳

第二章　世界の異常気象

熱波

「一〇〇〇年に一度」の熱波すらもしばしば発生するようになった現代では、動植物に次々と異変が起きている。地球は「第六絶滅期」に突入したとみる研究者もいるが、それは一体どういうことなのだろう。

今から一二〇年前、スウェーデンに〝明るい〟温暖化論者がいた。スヴァンテ・アレニウス、「温暖化の父」と呼ばれる人物である。彼はノーベル賞を受賞するほど偉大な化学者であったが、趣味でかじった気象学でも頭角を現し、今日の温暖化研究の先駆けとなる大発見をした。研究に没頭することで、離婚による心の傷も癒せたそうだが、人間が化石燃料を燃やして空気中の二酸化炭素を倍増させると、地球の温度が約五℃上がることを導き出した。そうなることで、子孫がより快適な環境で生活できるようになるだろうとも期待した。

気温の記録を取り始めた一八八〇年以降で、暑かった年を順に並べてみると、上位一〇

図３　地球が「暑かった年」ランキング

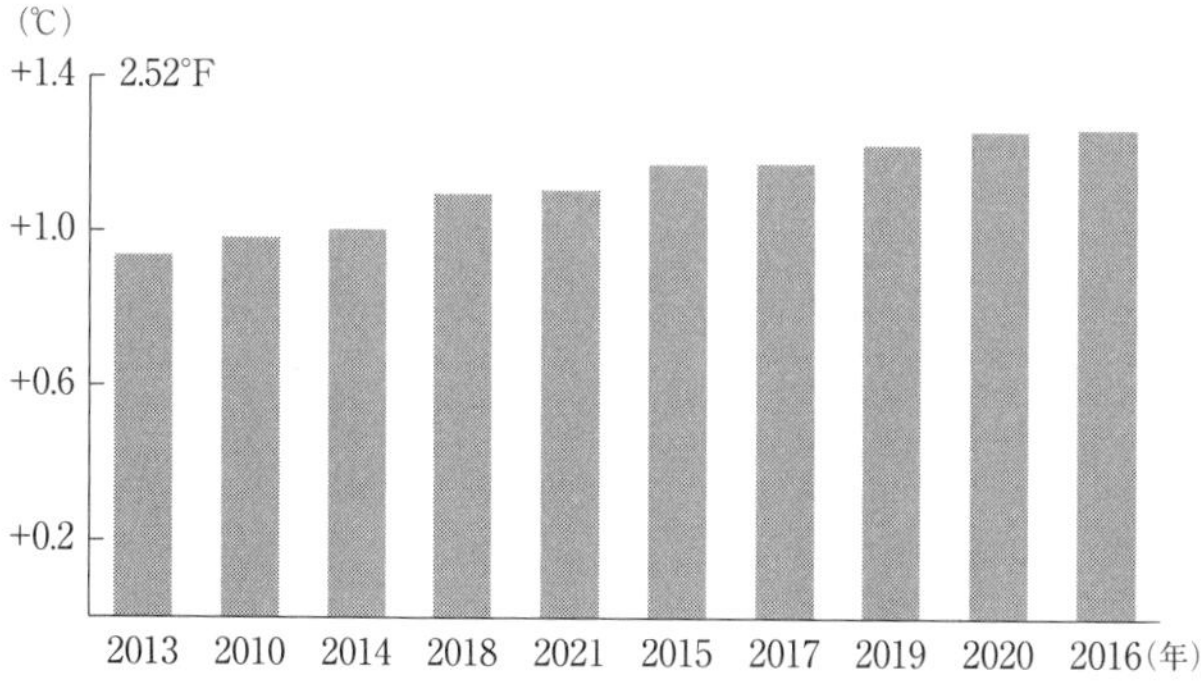

縦軸は、1880年〜2021年の平均値に対してどのくらい気温が高くなったかを示す。(出典：Climate Central)

位のすべてを二〇一〇年以降が占めてしまった（図3）。産業革命が始まった頃から、地球の二酸化炭素濃度は二八〇ｐｐｍから四二〇ｐｐｍに上がり、このまま何もしなければ二〇八〇年にも産業革命前の倍になるという。二酸化炭素はアレニウスの見立てよりもさらに速いスピードで増えていて、われわれ子孫にとって地球は住みにくい惑星に変化しつつある。このところ報告された高温記録を見てみよう。

デスバレーで世界最高気温か

アメリカ・カリフォルニア州に、デスバレーという不毛地帯がある。海抜マイナス八六メートルの北米でもっとも低い谷にあるデスバレーは、暑さがこもりやすく、「死の谷」の名前が示すように、昔から多くの生物が命を落としてきた。

この場所で二〇二〇年と二〇二一年に二年連続して五四・四℃まで気温が上がった。新型コロナウイルス感染拡大で旅行が敬遠されていた最中だったが、怖いもの見たさで、遠路はるばるデスバレーにやってきた人もいたほどだった。この気温は記録のある中で、世界最高気温である可能性もささやかれている。

一体どういうことだろうか。現在ギネスブックに登録されている世界最高気温記録は、これまたデスバレーで一九一三年七月一〇日に観測された五六・七℃だが、どうもこの気温は疑わしいという噂が飛び交っている。温度計の置き場所が適当でなかったとか、高温の砂嵐が発生した最中に測定されていたとか、いくつかの憶測を呼んでおり、世界気温のエキスパートである気象史学者のクリストファー・バート氏も、「気象学的に見て、本質的に不可能だ」と切り捨てている。実はこれに限らず高温記録にはいぶかしいものが多く、後で検証してみて取り消されたケースは少なくない。

たとえば、一九二二年にリビアのエルアジジアで観測された五七・八℃の記録は長いこと世界最高気温とされてきたのだが、結局は未熟な観測者による計測間違いであったこと

表２　世界各国の国内最高気温（50℃以上）

	国名・地域名	国内最高気温		国名・地域名	国内最高気温
1	アメリカ	56.7℃*	14	ヨルダン	51.1℃
2	チュニジア	55℃*	15	インド	51.0℃
3	イスラエル	54℃*	16	オーストラリア	50.7℃
3	クウェート	54℃	16	西サハラ	50.7℃
5	イラク	53.9℃	16	モロッコ	50.7℃
6	イラン	53.7℃	19	中国	50.5℃
6	パキスタン	53.7℃	20	エジプト	50.3℃
8	カタール	52.2℃*	21	リビア	50.2℃
9	アラブ首長国連邦	52.1℃*	22	トルクメニスタン	50.1℃
10	サウジアラビア	52.0℃	23	カザフスタン	50.0℃
10	メキシコ	52.0℃	23	南アフリカ	50.0℃
12	オマーン	51.6℃	23	モーリタニア	50.0℃
13	アルジェリア	51.3℃	*疑わしいとされている気温		

WMOと気候学者のMaximiliano Herrera氏のデータを参考に作成（2022年7月20日時点）

が判明し、二〇一二年に抹消された。同じように現在世界第二位の記録とされている一九三一年のチュニジア・ケビリの五五・〇℃も誤りである可能性が高いという。もしこれらの記録がすべて間違いだったと立証されれば、先の五四・四℃は、世界記録ということになる。

　ところで意外なのだが、デスバレーを訪れる観光客の死因の第一位は、高温に伴う熱中症ではなく、車の自損事故である。つまり、完全に自分の不注意なのである。岩と砂だけの代わり映えしない光景で眠くなり、ついスピードを出しすぎてしまったり、シートベルトを締め忘れたりして事故が起きる例が後を絶たないという。

一〇〇〇年熱波、カナダは四九・六℃

暑くても人が少なければ被害は少ない。問題なのは、多くの人が住んでいる場合である。

二〇二一年六月には北米の大都市に、まさかの事態が発生した。夏でも涼しい、カナダ西部からアメリカ北西部にかけての「パシフィック・ノースウェスト」と呼ばれる地域を、専門家も唸《うな》るほどの大熱波が襲ったのである。たとえばワシントン州シアトルは一八九四年から続く観測記録のうち、それまで三度しか三八℃以上になったためしがなかったが、その夏は三日連続で三八℃（一〇〇℉）を上回り、結局四二℃まで上がって高温記録があっさりと塗り替えられた。またオレゴン州ポートランドでは、平年を二〇℃も上回る四六・七℃まで気温が上がった。アメリカ気象局は「歴史的で、危険で、長期的で、かつ前例のない」熱波が起きていると、使える限りの極端な形容詞を並べ、注意を喚起した。

この暑さでワシントン州ではアスファルトの道路がゆがみ、オレゴン州では送電線が溶け、ガソリンスタンドの店員が屋外で働くのが危険になって、本来は違法とされている客のセルフ給油が一時的に許可された。全米ではオレゴン州とニュージャージー州だけセルフの給油が州法で禁止されているから、住民は慣れない手つきで悪戦苦闘する羽目になった。またムール貝が高温の海水で煮あがって、海岸には口を開けて死んだ貝が無数に転がり異臭を放った。

さらに暑かったのは、アメリカより北のカナダである。ラフティングで有名なブリティッシュコロンビア州のリットンという山間の観光地では、三日連続して国内最高気温を塗り替え続けた。通常六月の平均気温は二〇℃弱と、日本でいうなら仙台と同じような涼しい所なのだが、一日目は四六・六℃、二日目は四七・五℃、そして三日目には四九・六℃と、連日驚きが止まらなかった。ブリティッシュコロンビア州は冷房の普及率が四割と低いこともあって、たった一週間で七〇〇人が亡くなった。それまでの同州における熱中症の死亡者数は年平均わずか四人である。

この熱波は、一〇〇〇年に一度起こる程度の、とんでもなく珍しいレベルである。その原因は「ヒートドーム」で、数日または数週間居座った高気圧が、上空を鍋の蓋のように覆って、暖かい空気を閉じ込めた。このところ夏になると盛んに聞かれる用語だから、アメリカに流行語大賞などがあれば、ノミネートは間違いない。高気圧が動かなかった背景には「オメガブロック」と呼ばれる、ジェット気流の蛇行が関係していた。これは文字通

図4　ヒートドームとは

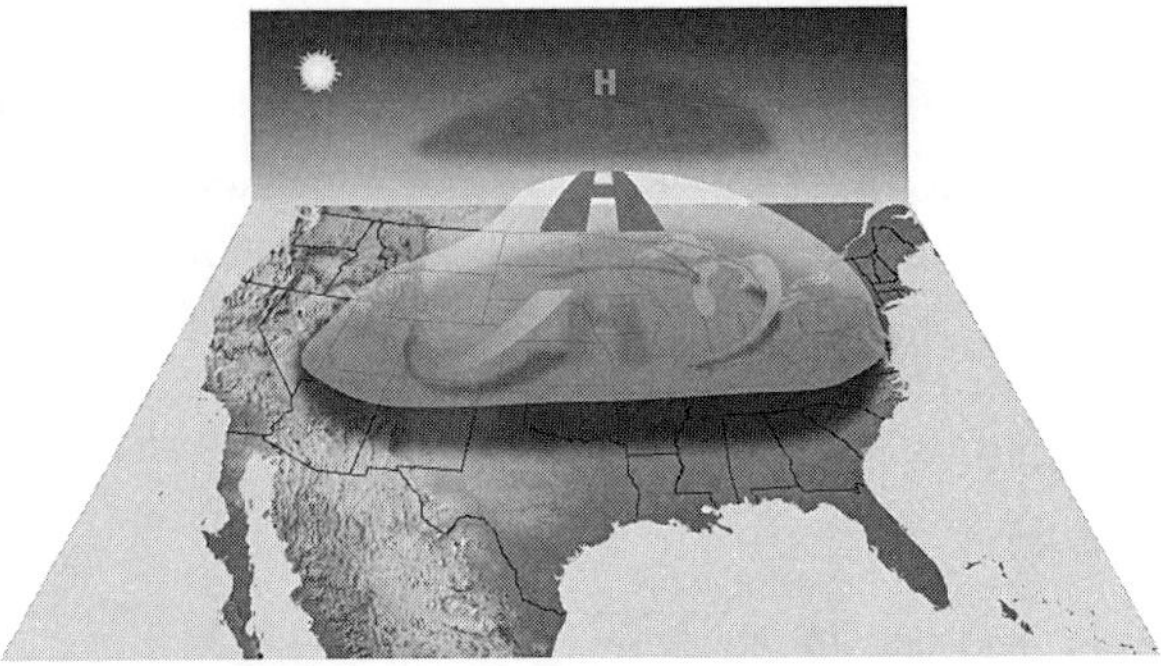

（アメリカ海洋大気庁〔NOAA〕HPより）

り、Ωの形のようにジェット気流が北側にぐにゅっと蛇行する現象であり、凸の部分には、南からの暖気でできた高気圧があり、ジェット気流から切り離されているから停滞できるのである。温暖化が進むと、ジェット気流が南北に曲がりやすくなって、オメガブロックができやすくなるとも言われているから、ヒートアイランド現象や近年の温度上昇の影響が加われば、以前にもまして暑くなるだろうと心配されている。

体感温度七〇℃超えの中東

暑さの中でもとりわけ困るのが、夜の高温だろう。昼だけならまだいいが、夜も暑いと寝不足になって、もはや昼の暑さにも耐えられない。気の毒なことに二〇一八年六月には、オマーンのクリヤットで最低気温が四二・六℃という悶絶的な熱帯夜となった。これは非公式ながら、夜間気温としては世界最高であった可能性もあるという。その日の日中、気温は五〇℃近くまで上がり、夜間には西にそびえる山から吹き下ろしてきた強風がフェーン現象を起こし、気温が下がらなかった。実はオマーンの夜の暑さは折り紙つきで、それまでの非公式の最低気温の世界高温記録も二〇一一年にオマーンとデスバレーで出た四一・九℃とされてきた。オマーンの面するオマーン湾は、海水温の高さから湿気が充満し、夜もなかなか涼しくなってくれない。水深が浅いから、海水が太陽光を吸収して温度が高くなりやすいのである。

だからペルシャ湾岸などの中東は、二一〇〇年までに「生存不能の地」になってしまうだろうと、ドイツのマックス・プランク協会の専門家などは警告している。まるで高い山に、そこから先は木が生えない「森林限界」が存在するように、人間がそこから先は住むことができない「人類限界」が中東に現れるかもしれない。

いったいどれほど暑くなるのか、マサチューセッツ工科大学のエルファティ・エルタヒール氏らが計算したら、クウェート市やアラブ首長国連邦のアル・アインなどでは今世紀末までに六〇℃に達し、現在の世界第一位の高温記録を五℃ほど上回るかもしれないという。このうえに高い湿度が重なって、体感温度は七七℃まで上昇するかもしれない。常識を超えすぎて想像のつかない高温だが、体感温度七〇℃台を経験したサウジアラビア在住の男性がその暑さをこう語っているので、紹介しよう。「誰かにホットタオルを強く押し付けられているような暑さ」、そして「汗はすぐ出てきて、メガネをかけるとレンズがすぐ曇る」。これではせっかく中東諸国に出かけても、何も見えない。前述したように、日本での史上最高気温は浜松（二〇二〇年八月一七日）と熊谷（二〇一八年七月二三日）の四一・一℃だから、想像を絶する暑さである。

国連の分析によると、気候変動が原因で貧困に陥る人の数が二〇三〇年までに一億二〇〇〇万人、つまり日本の総人口分増えてしまうだろうという。富める者は冷房完備の部屋に住んだり、移住したりして熱波を逃れることができるが、貧しい者は過酷な暑さにさらされても、同じ場所にとどまって耐えていくほかない。こうした富裕層と貧困層の〝分離〟を、国連は「気候のアパルトヘイト」と呼び、危機感を募らせている。

〝世界最強〟のクマムシも耐えられぬ暑さ

移動手段を持たず、簡単に住処を変えられない動植物には、ことさら気の毒なことになっている。急激な環境変化についていかれず、二四時間ごとに一五〇〜二〇〇種類の動植物が地球から姿を消しているといわれている。これは古代の一〇〇〇倍ものスピードで、六五〇〇万年前に恐竜が絶滅した時代以来もっとも速いペースだというから、現在を「第六絶滅期」と呼ぶ人もいる。動物たちはそれぞれどのような苦境に立たされているのだろうか。

〝世界最強〟の動物である「クマムシ」は、まさに熊のようなずんぐりむっくりの、体長一ミリ足らずの動物である。こんなに小さいが、大抵のことは耐えられるタフな生物で、凍らせても、弾にこめて銃で発射しても、宇宙空間に放り出してみても、何をしても死なない。ところがそれだけ頑丈なのに、三七℃以上の温水に入れてみると、わずか一時間で死んでしまうことがコペンハーゲン大学の研究で明らかになった[*15]。太古の昔から、どんな環境でも耐え忍んできたクマムシだが、温暖化にはついていかれないかもしれないということである。温暖化はそれほど生物にとって危険な環境変化をもたらしていることが分かるだろう。

三〇℃以上ではメスしか生まれないカメ

嘘か真か、パイロットやシステムエンジニアといった電磁波を多く浴びた父を持つ子供は女の子になりやすいというが、アオウミガメは、母ガメが産卵した砂の温度で性別が決まることが科学的に証明されている。二九℃前後で雌雄が入り交じるが、三〇℃だとメスだけになって、二八℃以下だとオスだけになる。つまり温度が高くなる昨今は女子ガメが多くなっていると想像されてはきたが、近年豪州グレートバリアリーフで行われた調査[*16]では、想定外の事実が明らかにされた。

結論を言う前に、そもそもこの調査はどのように行われたのだろうか。ウミガメは雌雄の区別がつきにくいから、研究者たちは海に飛び込み、まるで浦島太郎のごとく、泳いでいるウミガメにつかまって浜辺に誘導した。そうして連れてきた若いカメたちに血液検査と、腹腔鏡検査を実施して、念入りに性別を調べた。するとメスとオスの比率が、一一六対一、つまり全体の九九％以上がメスだったという衝撃の結果に行きついた。分析では、砂の温度は一九九〇年以降ずっと二九℃以上で、しかもレイン島という世界最大のアオウミガメの繁殖地では、過去二〇年間ほとんどメスしか生まれていないことも明らかになった。ほんの数℃の差で、種の存続の可否が分かれてしまうことを知れば、一℃に満たないようなどんな小さな気温上昇も、大変な差であることに気づかされるだろう。

四分の三も精子が減ったムシ

　このようにカメは男女比が崩れているが、ハエは〝不妊症〟が増えているそうである。英国リバプール大学のスティーブン・パラット氏らが二〇二一年に発表した論文[*17]では、四三種類のハエを使って実験したところ、致死的ではないレベルの高温な環境に、四時間オスのハエを置いてみると、その四分の一の種類で、八割の生殖機能の低下がみられたという。さらに、そのあとハエを普通の環境に戻して七日後に再び測ってみると、約半数に生殖能力の減少が起きた。つまり、たとえ環境が改善されたとしても、高温下に置かれていた影響は、後々まで残ることが判明した。結局、致死的な高温ではなく、オスの生殖機能が落ちる気温次第で、ハエの生存分布が決まってくるということになる。

　同じように二〇一八年に発表された研究[*18]では、五日にわたって四二℃の高温環境に置いたコクヌストモドキという昆虫は、射精した精子の数が四分の三も減ったそうである。ひどいことをするものだと思うかもしれない。でもそのおかげで面白いことも分かってきた。オスが続々と生殖機能を失う中、メスには何の変化も起きなかったそうである。メスは鈍感なのか、強いのか、とにかく温暖化時代を生き抜きやすい体質のようである。

オスが色白になるトンボ

雌雄の差といえば、トンボの男女にも聞き捨てならない変化が起きているという。米セントルイス・ワシントン大学のマイケル・ムーア氏らは、数千匹という膨大なトンボの仲間のうち、羽に黒い斑点を持つ種類に注目した[*19]。個性の一つである水玉模様だが、日光を吸収しやすいという難点があって、トンボの体温を最大二℃も上昇させ、組織にダメージを与えて、最悪の場合は死に至らしめるという。

調べてみると、暖かい地域のトンボは涼しい地域に比べて、羽の斑点の色が薄い傾向にあることが分かった。また暑い年に生まれたトンボも、涼しい年に生まれた仲間に比べて、斑点がとりわけ薄かった。つまりトンボは色白でいることで、温暖化に適応しようとしているようである。ところが、これまた面白いのだが、そうやって美肌に努めるのはまったくオスのみで、メスにはそうした傾向はみられなかったという。最近わが国でも、若い男の子たちの間で美白が流行《はや》っているそうであるが、これも気候の影響なのだろうか。

生き残りをかけて小さくなる鳥

トンボのように美白して気温変化に抗おうとしている生き物もいれば、体形を変えて乗り切ろうとする強者《つわもの》もいる。

アメリカ人鳥類学者のデビッド・ウィラード博士らは、鳥たちの声なき声に耳を傾けた。[*20]全米で二番目に多く摩天楼が立ち並ぶシカゴでは、夜も煌々《こうこう》と明かりが灯り、光に釣られて鳥がビルの窓に衝突死する例が後を絶たないそうである。不憫《ふびん》に思った博士は、せめて亡骸《なきがら》を博物館のコレクションに加えようと、一九七八年から約四〇年間、朝三時半に起きて鳥の死骸を拾い、サイズを測った。そうしているうちに、鳥がだんだんと小さくなっていることに気が付いた。計七万羽ものデータから、鳥は四〇年前に比べて体重が二・六％軽く、足の長さは二・四％短くなっていたという。なぜだろう。

それは、寒冷地に住む生き物ほど体が大きくなるという「ベルクマンの法則」が関係している。体が大きいということは体重当たりの体表面積が小さいということなので、体内に熱を蓄積しやすくなるのである。例えば熊で比べた場合、寒帯にいるホッキョクグマの体長は平均三メートル近いが、熱帯のマレーグマは一メートル半と小さい。ウィラード博士はシカゴの鳥にこの法則を当てはめてみて、鳥が小さくなっている背景にはどうやら気温上昇が関係しているらしいと結論付けた。

　空を飛び回る鳥は自由の象徴だが、彼らは今、生きるか死ぬかの選択を迫られている。北米に生息する野鳥の数は、五〇年前と比べて三〇億羽も少ないという研究もあるほどで、鳥は生き残りをかけて必死なのだろう。同じように、熱帯雨林アマゾンに住む鳥たちも縮小傾向にあって、一九七九年からの四〇年間の調査によれば、七七種の鳥のうち三六種の体重が軽くなり、六一種の翼は長くなっていたそうである。体が軽く、翼の長い鳥は、暑苦しい環境でも省エネ飛行ができるからではないかと、専門家は鳥の嘆きを分析している。

　同時に動植物は、暑すぎる環境に別れを告げ、そろりそろりと冷涼地を目指し歩き出しているようである。虫は年に一八・五キロメートルのペースで高緯度に、両生類は年間一二メートル山を登って引っ越しをしているという研究[*21]もある。また木々も山を登り、森林限界も上方にずれて、富士山のカラマツ林などは四〇年間で三〇メートルも上に移動したそうである[*22]。つまり、一年で七五センチ山を登ったという計算になる。

　気候変動にどうにか適応しようと、生き物は必死である。動物たちが姿かたちを変え、植物たちが地道に寒い土地を目指す、その姿には涙ぐましいものがある。

九九%以上の論文に「気候危機は人のせい」

いまの地球は、産業革命前に比べて一℃ほど暖まってしまった。その主要因は何か、英国人の科学ジャーナリストが、二〇一二年から二〇二〇年に発表された九万本の気象論文をしらみつぶしに読み漁ったら、その九九%以上に気候危機は人のせい、と書いてあったという[*23]。反対に「自然のサイクル」だとか、「宇宙線」だとか、人以外の仕業だと書いてあった論文は三〇本ほどしかなかった。人は地球の資源を燃やし、温室効果ガスを大気中に放り出し、温度を上昇させてしまった。

人はどれほど資源を使いすぎているのだろうか。面白い指標がある。「アース・オーバーシュート・デー」と言われるもので、人間が消費する地球の資源量が、自然が製造する資源量を上回るのはいつになるかを示している。たとえば二〇二二年のアース・オーバーシュート・デーは七月二八日だったが、これは、七月二九日に地球が一年間で作れる資源を使い果たしてしまったことを表し、その日以降は、人は地球の貯蓄を切り崩して資源を使っていくということを意味する。これを使って違う計算をすれば、いまのような資源の浪費を続けるには、地球が一・七個ないと間に合わないという話にもなる。この状態を例えるなら、収入に見合わない高価なブランド品を買い漁り、連日高級ディナーに舌鼓を打っている浪費家とよく似ている。人間は身の丈にあった生活を拒否し、地球に借りを作り続けているから、無理がたたって地球が悲鳴を上げている。

今から一〇〇年以上も前、アレニウスは温暖化が子孫にとって生きやすい環境を作ってくれると予想した。確かに暖かくはなったが、変化があまりに急で激しすぎたから、生きやすいかと問われれば、単純に頷ける話でもない。千里眼のきいた彼でさえ、子孫がこれほど化石燃料を散財し、地球を猛スピードで暖めてしまうとは考えていなかったようである。

＊15 「Even Tardigrades Will Feel the Heat of Climate Change」Eos, 21 Jan 2020

＊16 「Environmental Warming and Feminization of One of the Largest Sea Turtle Populations in the World」Current Biology, 8 Jan 2018, Michael P. Jensen, Camryn D. Allen ほか

＊17 「Temperatures that sterilize males better match global species distributions than lethal temperatures」Nature Climate Change, 24 May 2021, Steven R. Parratt ほか

＊18 「Experimental heatwaves compromise sperm function and cause transgenerational damage in a model insect」Nat Commun,13 Nov 2018, Kris Sales ほか

＊19 「Sex-specific ornament evolution is a consistent feature of climatic adaptation across space and time in dragonflies」Proc Natl Acad Sci USA,13 Jul 2021, PNAS, Michael P. Moore ほか

＊20 「Shared morphological consequences of global warming in North American migratory birds」, ECOLOGY LETTERS, Feb 2020, Brian C. Weeks, David E. Willard ほか

＊21 「Species better track climate warming in the oceans than on land」 Nature Ecology & Evolution, 25 May 2020, Jonathan Lenoir ほか

「Thousands of Species Are Fleeing to Earth's Poles en Masse, And a Pattern's Emerging」 sciencealert.com, 31 May 2020

＊22 「40年間における富士山森林限界植生の動態」 第一三一回日本森林学会大会学術講演集原稿、二〇二〇年、崎尾均、増澤武弘

＊23 「Greater than 99% consensus on human caused climate change in the peer-reviewed scientific literature」 Environmental Research Letters, 29 Oct 2021, Mark Lynas ほか

干ばつ

水不足が原因で、アメリカの湖では底から遺体が出現し、チリでは手洗いもままならず、南アフリカは世界初の枯渇都市が誕生する恐れも出ている。温暖化が進むと、雨の降りにくい場所では、より乾いて干ばつが起こりやすくなるといわれるが、一体なぜだろう。

昔、中国に旱魃《かんばつ》を起こす女神「魃《ばつ》（ひでりがみ）」がいた。地上の嵐を撃退してくれとの依頼を受け、天からわざわざ降りてきた。体内に大量の熱を秘めた娘だったから、風神、雨神もなんのその、見事追い払って勝利をおさめたのだが、魃は力を使い果たして、天に戻れなくなってしまった。地上に残された魃は、いるだけで地面を干上がらせ、人々は頭を抱えたという話である。魃だけにバツが悪い。

まさに干ばつは、多くの場合、雨よりも風よりも大きな被害をもたらす迷惑千万な自然現象である。世界気象機関（ＷＭＯ）によれば、一九七〇年から二〇一九年までに起きた人的被害の大きな気象災害の上位一〇個のうち、もっとも死者数の合計が多かったのが干ばつで、熱帯低気圧、洪水、高温がそれに続いた。

温暖化が進むと、雨が降りやすい場所ではより雨が降り、雨が降りにくい場所ではより乾燥して干ばつが深刻化する。なぜならば、気温が上がることで空気が含むことのできる水蒸気の量が増えるから、水蒸気が増える場所では大雨が増え、逆に水蒸気が増えようのない乾燥した場所であれば、前よりも湿度が下がってさらに空気が乾くからである。そのうえ気温が高くなれば、その分だけ土壌や植物の水分が蒸発して地面が干上がるし、冬に積もって、春夏に大地を潤してくれる雪も減るから、同じように大地が乾いていく。

雨の降らない青空を見上げ、多くの人々が世界で命を落としている。飢餓で亡くなる人もあれば、生活に困窮して自殺に追い込まれる人々もいる。深刻化する世界の干ばつの実態を紹介しよう。

絵1　妖怪「魃《ひでりがみ》」

中国では美女神だったが、日本では顔は人間、体は獣の妖怪となった。手足はそれぞれ一つずつで、風のように早く走る。（出典：『鳥山石燕　画図百鬼夜行全画集』角川ソフィア文庫　所蔵：東北大学附属図書館）

サーモンが川を下れないカリフォルニア

干ばつの常連と言ったら、まず思い出される場所が、アメリカ・カリフォルニア州だろう。もともと砂漠だったところに作られたオアシスだが、そんなことすら忘れさせるくらい生活は快適で、人口増加が止まらない。ロサンゼルスの年間降水量は東京の四分の一程度と少ないが、山から水を引っ張ってきたり、地下水をせっせとくみ上げたり、いろいろ工夫して水をかき集めている。その甲斐あって州民一人あたりの一日の水の使用量は三〇〇リットルと、一日に約二一〇リットルの水を使用する日本人ですら目を丸くする量である。しかし、さすがに無理を続けるには限界が来たようである。

二〇二〇年一〇月からの一年間は、カリフォルニアにとって一九二四年以来もっとも雨の少ない一年となった。降った雨の量は三〇〇ミリと、年間平均降水量の七〇〇ミリに遠く及ばなかった。州知事は、干上がったダムを背に記者会見を開き、全域に「干ばつ非常事態宣言」を発令、水の節約を呼び掛けた。サクラメントやサンフランシスコといった大都市の降水量も、いつもの半分未満に落ち込んで、アメリカ最大の「水がめ」であるミード湖の貯水率は三五％に下がり、湖の縁に「風呂あか現象（bathtub ring）」が発生した。湖水に含まれる炭酸カルシウムなどのミネラル分は、湖の縁の砂岩を白く変色させるが、湖の水位が下がったことで白い部分がひょっこり顔を出し、それがまるで風呂あかのように見えるのである。ミード湖につながるフーバーダムもまた、一九三六年の完成以来、最低水位を記録した。ちなみにミード湖では二〇二二年、マフィアに殺害されたと疑われる樽の中に入った人間の遺体が、干上がった湖底から見つかっている。

川の水量も大きく低下し、カリフォルニアの特産品であるチヌークサーモンにも影響を及ぼした。サーモンは、本来なら春に川を下り、太平洋へと移動する。しかし川の水位が異常に低く水温も高かったため、自力での移動が困難となってしまった。そこで手を貸したのが人間で、数千万匹の稚魚を温度調節の効いた快適なトラックに載せ、海まで運んだ。サーモンは川で生まれ、海で大きくなって、生まれた川を遡上《そじょう》する。大がかりな計画だったが、サーモンの経済効果が年間九億ドル、引っ越し費用は一〇〇万ドル以下であることを考えれば、やらない理由はなかった。

二〇一一年から二〇一七年にかけては、カリフォルニア州の観測史上最長となる干ばつが発生し、一億本を優に超える木々が枯れ死んだ。二〇一五年には史上初めて州全土に厳格な給水制限がかけられ、毎日の庭の水やりも禁じられた。そんな中、茶色に変色する芝生と悲しむ人々を見て、ある業者はひらめいた。〝水がなければ、染めればいいじゃん〟

と、〝芝染め〟という奇抜なアイディアを思いつく。白髪染めの応用である。枯れた芝生に耐水性の緑色のインクを吹きかけるサービスを、一平方メートルあたり三ドルの格安料金で提供したら、一般家庭、ゴルフコース、結婚式場などから依頼が殺到した。

この深刻な水不足をもたらした原因は、「バカバカしいほど、しつこい、気圧の尾根」とあだ名のついた気圧配置である。一般に「尾根」とは、谷と谷に挟まれ突き出た部分のことだが、「気圧の尾根」も、等圧線が凸の字のようになって、気圧が周りと比べてポコッと高くなっている部分を指す。つまり高気圧だから低気圧を寄せ付けず、よく晴れたのである。しかもこの気圧の尾根は、数年もの間居座ったから、これに呆れた気象学者が「バカバカしいほど、しつこい」と悪口を付け加えたのである。英語で書くと〝Ridiculously Resilient Ridge〟だから、略して「トリプル・アール」。このトリプル・アールの影響で、北米の西海岸では、雨期にあたる冬になっても低気圧がやってこず、雨も雪もほとんど降らなかった。晴天続きで海も暖まって、食物連鎖の底辺にいるプランクトンが減って魚も減り、アザラシが餓死し、本来なら暖かな海に棲むヒトデやカツオやサメの仲間が、冷たい海の広がるアラスカ沖で見つかった。

髪も洗えないケープタウン

一方、南アフリカもまた、二〇一八年に危機的な干ばつに襲われた。ケープタウンはアフリカ大陸のほぼ南端に位置し、自然が豊かな、世界でもっとも美しいとされる街の一つである。しかしその年、この水と緑に囲まれた町は、「世界初の枯渇都市」のレッテルを貼られる日が目前に迫っていた。

ケープタウンでは、二〇一五年から異常な干ばつに見舞われ、対策を迫られた市政府は生活用水がなくなるまでの日数をカウントダウンし、その終末日を「デイ・ゼロ」とした。二〇一八年には残り一〇〇日を切ってしまったから、市政府は国民が悲鳴を上げるほど厳格な節水を呼び掛けた。まず、一人が一日に使用できる水量は八七リットル（のちに五〇リットル）と決め、これに応えた市民の間に「シャンプーをしていない髪が、模範市民のシンボル」との風潮もあったという。

ちなみに、日本のトイレは一回流すのに五リットル、シャワーは一分で一〇リットルの水が出てくるから、五〇リットルの場合、トイレを四回流し、シャワーを三分浴びたらアウトである。やはり難しい要求だから、制限以上の水を使う人々が半数を超えた。悩んだ市政府は強硬手段に出て、各家庭で水量を守っているか否かが一目でわかるような衛星地図を作成した。守っている家は黄緑色、守っていない家は濃い緑色のドットで塗り分けられた。しかもそれを公開したから、世界中の誰もが各家庭の節水状況を監視することができたのである。もちろん抗議の声が寄せられた。しかし試行錯誤して頑張ったら、幸いにして恵みの雨が降ってきて、その年は何とか持ちこたえることができた。とはいえ事態が改善したのは一時的なことで、デイ・ゼロが先延ばしになっただけのことだという。

海上に現れたミステリーサークル

二〇二〇年、新型コロナウイルスが猛威を振るい、国家非常事態宣言が発令中のチリで、政府は国民に手洗いの徹底を呼び掛けた。ところが、干ばつに喘《あえ》ぐチリでは、貴重な水を手洗いに回す余裕などなかった。

チリは南北四三〇〇キロ、東西一七〇キロの、世界一細長い国である。お隣アルゼンチンが幅を利かせすぎて、国土はひょろっとしているが、国民は勤勉、真面目で知られている。西を太平洋に面し、海の幸の恩恵に与《あずか》る国だが、そこを流れる寒流の影響で海水は冷たく、雨は少ない。たとえば北部には、世界でもっとも雨の降らないアタカマ砂漠があり、中部の首都サンティアゴの年間降水量は三〇〇ミリほどと、世界平均の三分の一、東京の五分の一ほどしかない。もとから雨が少ないうえに、二〇一〇年からはさらに雨が降らず、「メガドラウト」と呼ばれる、過去六〇年で最悪の大干ばつが発生した。一五〇万人もの人々が、給水車から配られる一日五〇リットルの水での生活を強いられた。先にも書いたが、日本人の水使用量は一日約二一〇リットルである。だから五〇リットルで暮らしなさい、そのうえしっかり手洗いもよろしく、というのは、無理な注文だった。

　チリで干ばつを引き起こしている原因の一つが、遠く離れた海上に現れたミステリーサークルにある。それは南太平洋に存在する、オーストラリアと同じようなサイズの水温の高いエリアで、「ブロブ」と呼ばれる。ブロブができたのは数十年も前で、その海域で雨が少ない状態が続いて、海水温が高くなった。もともとは温暖化とは無関係に出現したらしいが、近年はブロブの水温上昇が著《いちじる》しく、世界全体の海洋における昇温ペースの約三倍の速さで暖まっているという。海水温が高いから、その上の空気も暖まって、上空の風を蛇行させた。そのことで低気圧が南極方面に向かい、チリを避けるようになってしまったという。本来、チリは冬季に低気圧の通り道となって、雨や雪が頻繁に降る。だからアルゼンチンとの国境にあるアンデス山脈は、美しい雪の帽子をかぶった観光名所となる。しかしブロブが過熱するとともに、チリでは二〇一〇年から二～五割ほども年間降水量が減少し、干ばつが悪化していると考えられている。

ただ、チリの究極的な水不足は、自然の仕業のみで片づけることはできない。チリでは水道事業が民営化されているために、民間企業が水の権利を持ち、国民の同意なしに貴重な水をアボカドに与えているという。国民は一日五〇リットルの水でカツカツの生活を強いられているのに、アボカドの木は一本当たり一日六〇リットルのガブ飲みを許されているのである。国民は「これは干ばつではなく、人災だ！」と、目くじらを立てている。

近年アボカドはやり玉にあげられることが多い。今や「緑の黄金」とあだ名がつくほど人気のアボカドは、商業価値の高まりから大量に生産されるようになった。アボカドは栽培に大量の水が必要だから、結果、生産国に水不足をもたらす。かてて加えて、アボカドは海外に空輸されるので大量の温室効果ガスを出し、温暖化対策に逆行する「悪魔の果実」とまでいわれるようになってしまった。蝶よ花よともてはやされるアボカドだが、人の都合で勝手に過保護に育てられ、住民の恨みを買っているのは不憫である。

気候変動で飢饉になりそうなマダガスカル

国連は、マダガスカルはあともう少しで「世界で初めて、気候変動が原因で飢饉が起こる国」となると慌てている。気の毒なことに、マダガスカルに住む二八〇〇万人が一年間に排出する二酸化炭素の量は、世界全体のわずか〇・〇一%だという。こうしてとりわけクリーンな生活を送ってきた罪のない人々が、温暖化の代償を支払っていることになる。

地球で四番目に大きな島であるこの国に棲む野生の動植物は、その八割が固有種で、「マダガスカルこそが自然学者にとっての『約束の地』」とまで言われてきた。しかしこの生物の宝庫に、世界が注目する事態が襲い掛かった。

「グラン・スッド」と呼ばれる南部の農村地帯では、四年間ほとんど雨が降らず、過去四〇年で最悪の干ばつが起きた。本来ならば、キャッサバや米などが実る広大な田畑も、今は見る影もなく枯れ果てた。農民は身の回りのものをすべて売り払って、わずかな食料を手に入れて食い繋《つな》いだり、サボテンの葉やイナゴ、はたまた雑草や土を食べて飢えをしのいだりしている。国連の試算によれば、二〇二一年の時点で一三〇万人が食糧難に見舞われ、五一万人が飢餓状態にあったという。

「飢餓」とは、栄養不足で体重維持や軽い活動に必要なエネルギーの摂取さえもままならない状態であり、この状態の人々は世界に約八億人いるといわれている。一方で「飢饉」とは、食料が極端に不足して、人々が飢えに苦しむ社会現象をいう。飢饉ほどの大きなレベルになると、気候の変化だけで発生することはなく、ほとんどの場合、紛争が背景にあるのだが、今のマダガスカルでは気候変動が一〇〇%の要因で飢饉が起ころうとしているという。このような国は、世界に例がない。

しかし、これに首をかしげる研究者もいる。極端な天候の原因を分析しているワールド・ウェザー・アトリビューション（WWA）は、マダガスカルが飢饉になるのは人為起源の気候変動ではなく、むしろ自然に起こりうる「気候の揺らぎ」や貧困が原因だろうと結論づけた。そもそも今起きているような少雨は、一三五年に一回の低確率とは言えない現象だから、温暖化が原因とは言い切れないという論理である。それが正しければ、国連が言うような「世界初の温暖化起因の飢饉」とは言えない。ただWWAは、今後、温暖化が進むとマダガスカルではさらに雨が乏しくなって、事態は今よりも悪化するだろうとも言っているから、遅かれ早かれ、マダガスカルは温暖化の犠牲を払うことになる。いずれにせよ、世界からの救いの手が必要であることには変わりない。

中国は「雨泥棒」？

ところで雨の少ない中国では、水は〝アキレス腱〟ともいわれている。人口が急激に膨れあがり、経済発展と生活水準の向上から、水の需要がかつてないほどに高まっているのに、元から雨が少なく、国土の約二割は砂漠が占める国である。そのうえ水の分布もすこぶる不均一で、中国にある淡水の八割は南部に存在しているという。昔から「南船北馬」という言葉があるように、南部では川を伝って船で移動できるが、北部では馬を使って陸上を移動せざるを得ないと言われている。そのうえ水質汚染も凄まじく、二〇〇六年に在イギリス中国大使館が発表したレポートによると、川や湖沼の水のうち七割、都市の九割で地下水が汚染されていて、飲料水の確保は緊急の課題となっている。北京の一人当たりの水資源量は、国際基準の一〇分の一である。

そこで、南の水を北に引っぱったり、海水から塩を抜き取ったりするプロジェクトが進められているが、同時に盛んにおこなわれているのが人工降雨で、二〇二五年までに国土の六割に当たる五五〇万平方キロメートルに人工的に雨を降らせようと企んでいる。中国はドローンを空に放ち、無人で雨を降らせる実験に成功して、準備を着々と進めているのだが、立ち止まって考えてみると、空は無尽蔵に雨を降らせるわけではない。人工的に雨を作るということは、自然界の水蒸気を無理やり地上に落とす作業だから、その周辺では空の水分が減って、逆に雨が降らなくなってしまいかねない。つまり人工降雨は自国にはよくても、隣国にとってみればただの「雨泥棒」でしかないのである。だから中国と国境を接するインドは戦々恐々となって、中国の人工降雨計画を非難している。

絵2　妖怪「赤舌」

毛深く、大きな赤い舌と長い爪を持つ妖怪。東北地方では、日照りの際に水門上流の村と下流の村で水争いが起きたときに赤舌が現れて解決したという伝承が残る。（出典：鳥山石燕『画図百鬼夜行』　所蔵：川崎市市民ミュージアム）

日照りの時に、他の田んぼから水を盗むと現れる「赤舌《あかした》」という名の妖怪がいる。どうやら中国では「魃」も「赤舌」も出番が多くて大忙しのようである。

しかし日本も、うかうかしていられない。というのも海外の企業が日本の美味しいきれいな水を求めて、北海道などの水源地の山林を買っているという話もあるからである。「日本人は、安全と水は無料で手に入ると思いこんでいる[*24]」と痛烈に批判した作家がいたが、まさにその通りで、早急に〝平和ボケ〟や〝水ボケ〟から卒業しなくてはいけない。

＊24　『山本七平ライブラリー13　日本人とユダヤ人』山本七平著（文藝春秋）

山火事

山火事で戦況を優位にしようと、昔から意図的に敵地に火を放つことがあった。第二次世界大戦中に日本軍が飛ばした風船爆弾も、それが狙いだった。しかしこの兵器が契機となって、アメリカでは山火事防止の啓蒙活動が盛んになり、認知度九割を誇る、ある有名なキャラクターが生まれている。

「火のない戦争は、マスタードのないソーセージみたいなものだ」

英国王ヘンリー五世がこう言ったように、昔から火は戦いになくてはならない兵器だったようである。一度火を放てば、あとは炎が勝手に敵の領土、人民、財産すべてを燃やしつくす。

第二次世界大戦のさなか、日本軍が和紙とこんにゃく糊で作った気球に爆弾をつるした風船爆弾を空に放ったのもそのためだった。このお手製の風船を、中央気象台（現・気象庁）職員であった大石和三郎博士が世界に先駆けて発見したジェット気流に乗せ、およそ八〇〇〇キロ離れたアメリカ西海岸に送りつけた。そうすることで、森林で爆発して、大規模な森林火災が起こることを期待したのである。一〇〇〇発分の風船爆弾がアメリカ西海岸に着いたそうだが、アメリカ側の発表による死者は六人で、オレゴン州でピクニックをしていた身重の教師と生徒五人が命を落としたといわれている。

山火事はある程度は必要不可欠であり、生態系の維持にも欠かせない。オーストラリアやカリフォルニアなどには、森が燃えるおかげで生存できる動植物がいて、たとえばカートランドアメリカムシクイと呼ばれる腹が黄色い鳥は、山が燃えて常に若木が生えるから、そこに巣を作って生活できるという。ある時、お節介な人間が森を保護して山火事を抑えたら、鳥は住処を失って絶滅寸前になってしまったという話である。

しかし昨今は人も手が付けられないほど大規模な山火事が頻発している。もとからの山火事の常襲地帯はもちろんのこと、これまで火とは無縁だった地域でも山火事に頭を抱えるようになってきた。

山火事の〝レシピ〟

山火事を悪化させる、よろしくない天気の三条件がある。英語では〝山火事のレシピ

(wildfire recipe)〟などと表現したりするのだが、その材料とは、一に乾燥、二に強風、三に高温である。湿度が三〇％以下、風速が時速三〇キロ以上、気温が三〇℃以上の時に山火事が非常に起きやすいという「三〇—三〇—三〇の法則」なる経験則がある。一般に、気温が高く、湿度が低い午後は朝よりも燃えやすく、また暑い日ほど山火事のリスクが高くなる。

二〇二一年夏、カナダのブリティッシュコロンビア州にあるリットンは、その山火事の三条件がもれなく揃ってしまっていた。ここは人口三〇〇人ほどの小さな町であり、国内随一のラフティングスポットかつ、釣りやキャンプといったアウトドアの名所でもある。

山火事が発生したのは、カナダの国内最高気温となる四九・六℃が観測された翌日のことだった。一〇〇〇年に一度のレベルといわれた強烈な高温と少雨の影響で空気はカラカラ、草木も枯れて、〝燃料〟が十分にあったうえ、強風が追い風となって火を拡大させた。わずか一五分足らずで町全体が煙に包まれ、民家、博物館、図書館、消防署にいたるまで多くの建物が燃えて、町の九割が焼土と化した。最高気温の記録を更新して一躍脚光を浴びたカナダの小さな村が、翌日には悲劇の舞台となってしまったのである。

その年ブリティッシュコロンビア州で起きたすべての森林火災の六割は落雷、残りの四割弱は人の手によるものだったことが分かっている。

シチリア山火事とマフィア

イタリアの場合、二〇二一年に起きた森林火災のほとんどは、放火が原因だった。夏だけで、いつもの三倍に当たる八〇〇件の山火事が発生し、その大半が起きたイタリア南部、とりわけシチリア島の場合、なんと九八％が悪意を持った人々の仕業だったと、当局は鼻息を荒くして発表した。イタリアの国土は、よくブーツの形に例えられるが、そのつま先で蹴られている三角の島がシチリア島である。映画『ゴッドファーザー』の舞台の一つでもあり、マフィアが幅を利かせる、少しおっかない島である。そしてそのイメージの通り、その年に起きた山火事の多くにマフィアが絡んでいたという聞き捨てならない噂も流れている。

一体、何のために火を放ったのだろうか。欧州連合（EU）が、新型コロナウイルスのパンデミック後の復興のために基金を創設し、イタリアに多額の援助をおこなったことが一因に挙げられる。その資金はイタリア国内の太陽光発電に使われることになっていたため、マフィアが太陽光パネルを敷き詰める土地を手に入れるために、農地を無理やり奪おうとしたのではないかというのである。以前にはマフィアがリゾート開発用の土地を入手するために、油をしみこませた布を猫のしっぽに巻きつけて畑に火を放ったという残忍な話もあった。

二〇二一年の夏は、炎が広がるにはまたとない好条件が揃ってしまった。シチリア島では、欧州全体の観測史上最高気温ともいわれる四八・八℃が記録されたし、例年にも増して雨が少なく、著しい干ばつに悩まされた。そのうえに「シロッコ」が吹き下ろしたことで火が広がり、事態はさらに悪化した。シロッコとは、サハラ砂漠から地中海を渡ってイタリアなどに吹いてくる南寄りの強烈な熱風で、そのイメージから、同名の火炎放射器が売り出されている。

悪魔の異名を持つ熱風

世に名の知れた、別の〝自然の火炎放射器〟の一つに、アメリカの「サンタアナ風」がある。サンタアナ風は、カリフォルニア南部に吹き下ろす極度に乾燥した熱風で、ときに台風並みの暴風となることもある。この強烈な個性を持つ風のせいで、山火事や記録的高温が起き、家屋や農作物が被害に遭い、あまりに恐ろしいから、「デビル風」などと呼ばれることもある。サンタアナ風は、アメリカ西部の大盆地に高気圧、カリフォルニア沖には低気圧が居座るときに吹く。高気圧から低気圧に向かって東風が吹き、それがシエラネバダ山脈を吹き下りるときにフェーン現象が起き、熱風に変わる。

　またサンフランシスコなどカリフォルニア北部に吹き下ろす、サンタアナ風とよく似た風を「ディアブロ風」と呼ぶ。ディアブロとはスペイン語で悪魔を意味するが、名前の由来は、風上がディアブロ山脈周辺だからだそうである。

　これらの局地風は、主に秋冬に発生することが多い。幸いにしてその時期は、カリフォルニア州の雨季にあたるので、草木は雨で湿り、燃え広がるものが少ない。ところが近年は一年を通して干ばつが続き、気温の高い状態も続いているから、風が吹けば大きな山火事へと発展しやすくなっているのである。昔であれば冬の山火事は異常事態だったが、今や新たな常識〝ニューノーマル〟になってしまった。

脅威のギガファイアー

　山火事事情は、どれほど悪化しているのだろうか。

カリフォルニア州の山火事の公式記録が始まった一九三二年から二〇二一年までの山火

事を、燃えた面積の大きい順に並べると、上位二〇位中一八件が二〇〇〇年以降の山火事で占められ、そのうち半数を二〇二〇年と二〇二一年の二年間に起きた山火事が占めている。

一位は二〇二〇年に起きた、通称「オーガスト・コンプレックス・ファイアー（八月複合火災）」である。あちこちで起きた火災が一つにまとまりながら広がったので、こんな複雑な名前が付けられた。三か月も燃え続け、焼失面積は滋賀県の面積と並ぶ一〇〇万エーカーを超え、州史上初めてとなる「ギガファイアー」級の山火事に発展してしまった。ギガファイアーとは、非公式の分類で、焼失面積が一〇〇万エーカーを超えたものをいう。ちなみに一桁小さい一〇万エーカーを超えたものは「メガファイアー」と呼ばれている。

この記録的な火災が起きてしまった原因は、「ドライサンダーストーム」という特殊な雷嵐である。日本では雷は雨と共に起こるのが常識だが、極度に乾燥した場所では、雨が地上に届く前に蒸発してしまい、稲妻だけが走ることがある。まるでチャッカマンのような現象であるが、三日間で一万二〇〇〇回も落雷が起きたことがギガ級の山火事につながったとみられている。

そのころ、山火事を巡って大物政治家が熱い火花を散らしていた。温暖化と森林火災の関係について記者に問われたトランプ大統領（当時）が、「すぐ涼しくなるさ」と、いつものアンチ温暖化節《ぶし》を披露すると、次期大統領選の候補者だったバイデン氏が「トランプ氏は、気候問題の放火犯だ」と威勢よく罵《ののし》った。

ユーモアあふれるネーミング

アメリカでは山火事に名前を付けて呼ぶ習慣がある。同時に何個も発生しているものだから、わかりやすく区別するためである。多くは発生場所が分かりやすいように山火事の起きている地名、山、湖や川の名前などが由来となるのだが、中にはユーモアあふれる愉快な名前が登場することがある。

たとえば、「チェダーチーズ・ファイアー」は消火に駆け付けた消防士が持っていたスナックの名前から、「サマンサ・ファイアー」は消防士の愛娘《まなむすめ》の名前から、しまいには名前が思いつかなかったからというしょうもない理由から「ノット・クリエイティブ・ファイアー」なる、逆にクリエイティブな命名もあった。二〇〇五年には「ダーティーフェイス（汚い顔）・ファイアー」という名の山火事があったが、これは肩透かしで、煤《すす》まみれになった消防士の顔ではなく山の名前が由来だった。アメリカ人というのは、真剣な場でもユーモアを突っ込んでくる。

消防士が残したメモ

このような山火事の命名権を持つのが、実際に消火にあたる消防士たちであるが、彼らはまるで自国を敵国から守ってくれる戦士のように、火と決死の決闘を繰り広げてくれるヒーローでもある。二〇一七年、当時としては全米史上最多の約九〇〇〇人の消防士が消火に当たった「トーマス・ファイアー」が起きた時、こんな心温まる出来事があった。

サンディエゴ郊外に住む夫婦が、鎮火後に避難先から自宅に帰ってくると、家の一部が壊されていることに気が付いた。当初はショックだっただろう。しかし消防隊員が残してくれた手書きのメモを発見し、胸を打たれたという。紙にはこう書かれてあった。

「天井と扉のことは、すみません。全焼を避けるために家に入るしかありませんでした。幸運を祈ります」

決死の消火作業にもかかわらず人々を気遣う隊員の言葉が感動を呼び、このニュースはアメリカ全土を駆け巡った。

意外なことにアメリカでは、消防士に服役中の囚人が少なくない。囚人の更生プログラムの一環で、軽い警備の刑務所の囚人だけが参加を許されている。このトーマス・ファイアーの時は、三割が囚人だった。過酷な労働にもかかわらず、彼らに支払われる賃金は雀の涙ほどである。当局の資料には、緊急時に支払われる消防隊員の給料は、最低時給一〇ドル五〇セントと書かれてあるのだが、囚人の場合は異なっていて、一日二ドルの基本給に、一ドルの時間給が足される程度だという。つまり、一二時間働いたとして、（基本給の二ドル）＋（一二時間分の追加給の一二ドル）で合計一四ドルしかもらえないのである。囚人に寄り添って、「これでは奴隷並みだ！」と低賃金に疑問を投げかける優しい政治家もいるようだが、こんな無茶苦茶な悪条件で働いてもシャバに戻ればいずれ消防士になりたいと志願する囚人も多いのだという。消防の任務に当たった受刑者は、ほかの受刑者に比べて再犯率が約一割低いという統計もあるというから、国も世間も囚人もウィンウィンなプログラムと言えそうである。

パラシュートで現場にダイブ！

消防隊員の中で、特に優秀な人たちは「ホットショット」という先鋭隊に所属する。ホットショットは、もっとも高度な訓練を受け、経験豊富な熟練のメンバーで構成されているのである。

この中には、空からパラシュートでダイブして山火事現場に直行し、消火活動に当たる「スモーク・ジャンパー」と呼ばれる人たちがいる。さながら映画『ミッション：インポッシブル』のようだが、もっともすごいことに、彼らは宇宙飛行士顔負けの分厚い消防服を身に着け、およそ五〇キロもある消火活動用の荷物を背負ったまま、木を切ったり、地面を掘ったり、ありとあらゆる方法で火の行く手を阻んでいくのである。

スモーク・ジャンパーになるには、やはりそれなりの屈強な肉体が必要だから、応募条件はすこぶる厳しい。たとえば、五〇キロの荷物を背負って九〇分以内に五キロ移動できること、一一分以内に二キロ半走れること、腕立て伏せ二五回、腹筋四〇回をそれぞれ六〇秒以内にできることなどなど。もはや『ミッション：インポッシブル』を通り越して、『ランボー』の世界である。

スモーク・ジャンパーは、人里離れた過疎地で大規模な火災が起きているときに活躍するが、世界で初めて登場したのは旧ソ連といわれている。なんせ世界最大サイズの国だから、消防車で山火事の現場に駆け付けるなんて悠長なことは言っていられない。シベリアで山火事が起きると、スモーク・ジャンパーが馳せ参じて、空から舞い降りてくる。そんなシベリアでは、昨今気温が前代未聞のペースで上昇しており、山火事も目立って増加している。

二七万か所のホットスポット

二〇二一年はロシアにとって、過去最悪の山火事シーズンとなってしまった。八月の時点で、北海道二つ分の面積に相当する森林が焼け、その煙は北に三〇〇〇キロ旅して北極点に到達したほどだった。特に燃えたのが、ロシア連邦を構成する共和国の一つ、サハ共和国である。サハ共和国はロシアの中でも北東に位置し、南極を除くと世界でもっとも寒い地域である。首都のヤクーツクは、永久凍土の上に建てられた世界最大都市で、真冬の平均気温はマイナス四〇℃と、心も体も瞬時に凍りつく。しかしこんな極寒の地で、近年は世界最大級の山火事が発生している。

二〇二一年に宇宙からサハ共和国を見下ろしてみたら、「ホットスポット」と呼ばれる異常高温の箇所が、平年の六倍近い約二七万か所も見つかったという。この時ヤクーツクは濃い煙に包まれて、空は昼でも夜のように暗く、大気汚染レベルときたらインドや中国の一七倍というありさまだった。〝エアー（空気）〟と〝アポカリプス（世の終末）〟をかけあわせた、「エアーポカリプス」なる造語も使われた。

そもそも、なぜ極寒の地で火災が増えているのだろうか。第一に、シベリアの気温がほかの地域よりも倍以上速く上昇していることにある。二〇二〇年にはサハ共和国のベルホヤンスクで三八・〇℃の高温となって、北極圏における観測史上最高気温となった。その背景について、多くの専門家は温暖化があると口を揃えるが、別の理由もある。実はこちらの方が本質的で、温暖化がどうのこうのと議論する前に、即刻解決した方がよいと思われることである。

シベリアの山火事の半数以上は、人が火をつけたか、広げたものである。たとえば、無計画に焼き畑を始めて、炎が広がって消し止められなかったケース、違法な森林伐採を行った後に、証拠隠しに火を放ったケースなどがある。それだけでもとんでもない話だが、政府が費用対効果を優先して、あえて消火しないこともあるという。

七転び八起きのゾンビファイアー

しかしシベリアの火災は、見て見ぬふりをするには代償が大きすぎる。というのは、シベリアの土壌は、腐敗した植物や有機物などが堆積した泥炭でできていて、これが可燃性のメタンガスを大量に含んでいるために、燃えやすく、冷たく湿った土壌でも長期間火が持続しやすいからである。

普通、土壌が湿っていると火は広がりにくいが、このところの気温上昇で泥炭が乾き、引火しやすくなっているという。結果、冬が来て地面に雪が積もっても、地下で火種がくすぶり続け、春になって地上で炎を上げるという恐ろしい現象が発生している。消されたはずの火が、数か月後にいきなり息を吹き返して大規模火災に発展するから、ネーミングセンスのある誰かが、「ゾンビファイアー」と言い出した。雪原で煙がもくもく上がっていたら、ゾンビが眠っている証拠である。

自己増殖するアメーバのような火災

こうした、ただでは消えないゾンビのような火災もあれば、自己増殖していくアメーバのような火災もある。

二〇二〇年一月、オーストラリア南東部のニューサウスウェールズ州カブラマラで、首をかしげたくなるほどの高温が記録された。いくら夏の盛りとはいえ、温度計は六九・八℃を指し、強いサイクロン並みの秒速三六メートルの突風も吹いていた。しかしその二〇分前までは三二・五℃だったものだから、ますます怪しいということになり、検証が行われたところ、火災が観測所に迫っていたことが判明した。この時、空には凄まじく背の高い恐ろしい雲が出現していた。その名も「火災積乱雲」という。

火災積乱雲とは、火災や火山活動によって急速に暖められ軽くなった空気が上昇して発生するタワー状の雲である。大気中の水蒸気や、燃えた植物から生じる水蒸気が、灰の粉塵を核にしてくっつくので雲となる。雨をもたらし、火災を和《やわ》らげることがある反面、「火を吹く雲のドラゴン」などとも呼ばれ、雷や強風をもたらして自ら火を広げることもある。つまり、火災が火災を呼んでいく、アメーバ構造である。

時を同じくして、オーストラリア南東部に発生した火災積乱雲は、高度一八キロまで成長し、対流圏を突き抜けて成層圏に達してしまった。成層圏では雨雲ができないので、この高さまで持ち上げられた物質は長期間空を飛ぶことになる。この上昇気流によって超高度に舞い上げられた灰やチリが浮遊し続け、その後風に乗って南半球を駆け巡り、ニュージーランドの空を赤く染め、南米アルゼンチンの空をかすませ、しまいにはぐるっと一周してオーストラリアに戻ってきたそうである。実に一か月にわたる、二万キロの旅だった。

この時、煙に含まれているミネラル分が落ちながら地球を回ったので、南太平洋の植物プランクトンが大増殖したことも判明した。タスマニア大学の研究者らは増えすぎたプランクトンが、オーストラリアの山火事で出た分と同じだけの二酸化炭素を吸収して、酸素を吐き出してくれたかもしれないという斬新な研究[*25]を発表している。

三万頭のコアラが消えた

二〇一九年から二〇二〇年にかけて、オーストラリアでは火災積乱雲があちこちにそびえるほど、巨大な山火事が次々と発生した。もともと国土の二割が砂漠の国だから、山火事は日常茶飯事ではある。しかし、その夏は、観測史上もっとも暑く、もっとも雨が少なく、山火事の条件がいつにもまして揃ってしまって、結局オーストラリアの国土の三％が焼けた。オーストラリア全体では、一二億匹もの動物が犠牲になったという試算もある。

コアラは三万頭が姿を消し、ニューサウスウェールズ州に至ってはコアラの七割が死んでしまうありさまだった。炎の迫る中、服を脱いでコアラをくるみ、下着一枚になってコアラを助け出した女性や、普段は水を飲まないコアラが、命からがら逃げてきて、自転車をよじ登ってボトルの水をがぶ飲みしている映像などが報じられて話題となり、海外セレブの発信をはじめ、世界中で寄付や支援が呼びかけられた。

ラクダも、とんだとばっちりを受けた。意外なことに、オーストラリアは世界でもっとも多くの野生のラクダが生息する国といわれている。一九世紀に輸送に使うことなどが目的で、インドやアフガニスタンなど遠く離れたアジアの国からはるばる連れて来られた。ラクダは、とんでもなく遠い所からでも水のにおいを嗅ぎつけられるという特技をもっているのだが、その得意技を生かして、貴重な水のありかを嗅ぎつけ、人の水を横取りにやってきたのが運の尽きだった。そうしてアボリジニーの集落やインフラを脅かしたという罪状で、五日のうちに五〇〇〇頭がヘリコプターに乗ったスナイパーに空から射殺されてしまった。たしかにラクダは繁殖能力も高く、住民を思えば殺処分はやむをえないかもしれないが、心を痛めずにはいられない。

神様、仏様、ヤギ様！

火を抑える手立てはないのだろうか。いま、極端に異なる二つの消火法が期待され始めている。

まず一つが、神様仏様ヤギ様ということで、ヤギを野に放って、下草を食べてもらい、燃える原因を取り除いてもらおうという、のどかな作戦である。ヤギにとっても、たらふくご飯を食べられるし、飼い主もニコニコしてくれるから、まんざら悪い仕事でもなさそうである。もう一つが、最先端の科学技術を用いた方法である。たとえば米のベンチャー企業「Ｐａｎｏ ＡＩ」は、山火事の発生から発見までの時間を短くする技術を開発中である。これまでも衛星画像から火災を発見することは可能だったが、初期の炎を見つけることは至難の業だった。まるでゲリラ豪雨の予測のような難しさである。しかしこの企業は、衛星画像から肉眼では見つけることができない小さな山火事の証拠を、ＡＩの目玉を使って探すツールを開発している。

　とはいえ、多くの山火事は放火が原因である。つまり、放火をやめてください、と人を説得することもかなり重要なわけである。アメリカでは、ある一匹のクマにその役割を委託して、一九四〇年代から山火事の啓蒙活動が活発に行われてきた。そのクマの名は「スモーキー」、山火事の撲滅を呼びかけるマスコットである。黄色のヘルメットにデニムのパンツルック、上半身裸で突き出た腹をちらつかせ、人差し指をこちらに突き付けている。かわいさの欠片《かけら》もないこのクマだが、キャッチフレーズの「君だけが山火事を止められる(Only you can prevent wildfires)」とともに、国民の九割の知名度を誇る。

　このスモーキー誕生の裏に、本節の冒頭で触れた日本軍の風船爆弾がかかわっていたこ

写真１　山火事撲滅を訴えるスモーキー

アメリカ政府主導の山火事防止キャンペーンのキャラクター。誕生の背景には日本軍の風船爆弾の存在があった。（出典：アメリカ国立農業図書館）

とはあまり知られていない。第二次世界大戦中、アメリカでは消防隊員が兵士として国外に出払ってしまったため、政府も国民も風船爆弾などによる山火事の恐怖に震えていた。そこでアメリカ政府が「森の火は敵を助ける」とのスローガンを作り、スモーキーを使って国民一人一人に山火事に注意させようとしたのである。皮肉なことに、森に火をつけようとした日本軍の兵器が、火に気を付けようと呼びかけるアメリカの国民的キャラクターを生んだわけであるが、このスモーキーベアーの山火事防止キャンペーンは、政府主導で行われたキャンペーンの中でもっとも長く続いているものの一つで、全米最長記録を誇っている。

＊25 「Widespread phytoplankton blooms triggered by 2019–2020 Australian wildfires」 Nature, 15 Sep 2021, Weiyi Tang ほか

北極・南極

同じ極地の北極と南極だが、温暖化の影響は大きく異なる。北極は地球全体の平均の三倍のペースで昇温し「温暖化のフロンティア」とも呼ばれている。一方の南極では、過去最高気温を記録しながらも、一部で氷が増えており、専門家の頭を悩ませている。

将来、値が上がることを見越して、安いうちに買っておくことを「先物買い」という。アメリカのアラスカ購入は、まさにこの成功例だった。一八六七年、アメリカが財政難に苦しむロシア帝国から、アラスカの土地を破格の値段で買い取った。一エーカー（約一二〇〇坪）当たり二セントという大安売りで、米国は七二〇万ドル（当時のレート）分購入し、国土を二割広げることができた。お得な買い物だったが、当時国民には無駄遣いにしか見えず「大きな冷凍庫を買ったのか」と、すこぶる評判が悪かった。しかし、購入後まもなくして、油田や金鉱が見つかり、国民はすっかり機嫌を直した。

昨今、温暖化によってこのフリーザーの価値がさらに見直され始めている。アラスカをはじめ北極の氷が溶け、氷下に眠る天然資源が顔を出し、航路も開き、ドル箱となろうとしているのである。一方で、環境の急変が新たな問題を引き起こしているのも事実である。

では、いま北極で起きている変化について、まずは気温の変わり具合から見ていこう。

シベリアで三八℃

シベリアにベルホヤンスクという、人口わずか一〇〇〇人足らずの小さな町がある。一八〇〇年代後半には、アジアの最低気温記録となる氷点下六七・八℃の低温を二度も叩き出し、その極限の寒さから、政治犯の流刑地ともされてきた。別名「世界の寒極」、町旗には雪と氷柱《つらら》のようなマークが描かれている。

暑さとは縁もゆかりもなさそうなこの極寒の地が二〇二〇年、とんでもない高温記録を作ってしまった。六月に平年を一八℃も上回る三八・〇℃まで気温が上がって、世界気象機関（ＷＭＯ）から「北極圏の最高気温記録」と認定された。先の最低気温記録との温度差は一〇五・八℃もあって、これまた年較差の北半球記録となった。極端な記録を持つこの町の住民は、どれほど多くの衣服を持っているのだろうか、気になってしょうがない。

二〇一六年には、馬すら生きていかれないほど寒いと自負するアラスカの町で、高温記録が出ている。その名もデッドホース、訳して〝死んだ馬〟である。この町はベルホヤンスクより北に位置し、北極海に面しているのだが、七月に気温が二九℃を超え、北極海沿岸としての最高気温記録となった。異常な気温記録を見慣れた世界気象機関の気象官でさえ、「これは北極というより、地中海性気候だ」と、目を白黒させたほどだった。

気象官も驚くほど、北極の気温は急速に上昇している。地球全体の年間平均気温の上昇分は、一九七一年から二〇一九年の間で一℃だったのに、北極ではその三倍に当たる三℃も上昇した。だから北極は「温暖化のフロンティア」とか「温暖化のホットスポット」などと呼ばれ、ややもすると今世紀末には一〇〇年前の平均気温よりも最大で一〇℃も暖まってしまうのではないかと心配されている。

なぜ北極が目立って昇温しているのだろう。

その最大の理由は、北極海の氷の融解にある。海氷は白いから反射率が高く、太陽光の六割を跳ね返す。もし氷の上を雪が覆っていると九割にもなる。ところが氷が溶けて黒い海の割合が増えていくと、反射率はたった一割とぐんと下がって、太陽熱のほとんどを吸収してしまう。その結果、海が暖まり、その上の空気も加熱していく。そうしてどんどん氷が溶けて暗い海が広がり、ますます太陽光を吸収するようになって気温が上がっていく負のスパイラルが起きるのである。

また前節でも書いたように、シベリア地域でも山火事が増えて、燃えカスのススが飛ばされて雪上に舞い降り、雪を黒く染める。このため太陽光の反射率が下がっていくことも、北極を暖める原因の一つとされている。このように北極が際立って暖まっていることは、「北極の温暖化増幅（Arctic amplification）」などと呼ばれている。

大国に狙われ始めたグリーンランド

天然の冷房が効かなくなり温暖化する北極では、どんな変化が起きているのだろうか。

まずは、北極でもっとも多くの氷が存在するグリーンランドから見ていこう。デンマークの自治領であるグリーンランドは、世界最大の島であり、その八割を分厚い氷で覆われている、南極に次ぐ地球で二番目に大きな氷床である。氷床とは、陸を広大に覆う分厚い氷河で、現在は南極とグリーンランドにしか存在しない。グリーンランド氷床の厚みは最大三・五キロもあって、もしすべて溶けたら、水量は世界の淡水の約一割に相当し、地球の海面を七メートルも押し上げるだろうといわれている。

二〇二一年夏にはグリーンランド氷床の三二〇〇メートルの最高地点にある観測所で、

一九八九年の開設以降初めて、雪ではなく雨が降って、研究者を驚かせた。しかも数滴の話ではない。数時間にわたって降り続いた。また氷を掘削して過去二〇〇〇年間の天気の歴史を紐解くと、二〇世紀以前には気温が零度を上回ったことは六回しかなかったのに、直近一〇年では三回も起きているという。

グリーンランドは、大量の水を氷の形で貯蔵し陸地の上に背負う、いわば海面上昇を和らげてくれる頼みの綱である。ところがいま、驚くほど速いペースで氷の融解が進んでしまって、たとえば二〇一九年八月一日にはたった一日でオリンピックプール五〇〇万杯に相当する一二五億トンの水が流れ出し、一日の融解量としては、一九五〇年の統計開始以降で最大となった。NASAによると、わずか二〇年ほどで五兆トンもの氷がグリーンランドから消え、今後逆戻りする気配もないという。

二〇一九年、当時アメリカの大統領だった不動産王のトランプ氏が、価値の高まりそうなこのグリーンランドを先物買いしようと、売ってくれと申し出たら、デンマークのメッテ・フレデリクセン首相に「ノー・サンキュー。売り物ではありませんから」と断られ、その話は決裂した。このやり取りを聞いたら、昔の人はさぞや腰を抜かすことだろう。というのも、そもそも氷の島でありながら〝グリーン〟ランドという、嘘っぽい名前が付いたのは、西暦一〇〇〇年ごろに植民を促すために、ヨーロッパ人としての入植者一番乗りだった探検家「赤毛のエイリーク」が打った誇大広告だったからである。かつては嘘をつかなければ、誰にも見向きもされなかった土地が、いまや大国がほしがる宝の山へ変わろうとしている。

都市の地盤がぐらつくロシア

凍れる土壌、永久凍土も、温暖化の影響をまともに受けている。

永久は永久でも、思ったより短いのが、「永久凍土」の定義である。意外なことに、たった二年以上続けて凍結している地盤であれば、見事条件はクリアできる。そうした凍土は北半球の四分の一を占め、日本では富士山や大雪山などの高い山の頂だけに存在する。永久凍土はパッと見ただけでは判断がつかないことが多い。というのも、氷の上層は季節によって溶け、一見普通の土が覆っているからである。この層を「活動層」というのだが、その厚みは二メートルくらいで、ただそれをひっぱがすとカチコチの氷が現れる。コンクリートより硬いから、氷上でもお構いなしに建物が建てられているのだが、温暖化の影響で溶け始め様々な問題が起こっている。その事例を紹介していこう。

写真2　永久凍土が溶けて傾いた木々

（NASA Earth Observatory, Science Blog より）

ロシアはその面積の三分の二を永久凍土に覆われている。ノリリスクという、〝世界最北の大都市〟も凍った大地の上に広がっている。この町では一九三〇年代から、囚人の手を借りて盛んにコンビナートが作られてきた。工場からの排ガスなどで雪が黒く変色するほどで、「世界一汚い町」との不名誉な呼び名もある。このノリリスクで二〇二〇年五月、火力発電所のオイルタンクに亀裂が入って、二万トンにも及ぶ軽油が流出する大事故が起きてしまった。川は怪しげな赤色に染まり、環境保護団体は「北極圏における史上最大級の燃料流出事故」と、声を荒げた。

原因は、永久凍土が溶けたことにある。まさにその年、先述のようにベルホヤンスクでは三八・〇℃の北極圏の高温記録を更新するなど、シベリアを記録的な熱波が襲った。すべての建物が永久凍土の上に建てられているため、町の六割の建物がこれまでに変形したといわれる。以前には、壊れた病院の屋根からセメントの塊が落ちてきて、医師が足を骨折したというニュースも聞いた。傾く建物の応急処置として、土壌冷却装置が家の地盤に置かれているところもあるそうである。

永久凍土が溶けると、家が傾く他、木々もおかしな立ち方をするようになる。「酔っぱらいの木」などとゆるい名前で呼ばれているのだが、凍土が溶けて地盤が緩むと、もともと氷が邪魔をして根を深くまで張れていない木々が傾いてしまい、それぞれバラバラな方向に伸びていくというのである。元アメリカ副大統領アル・ゴア氏の活動を追ったドキュメンタリー映画『不都合な真実』にも、この泥酔したような木々が温暖化の象徴として登場している。

気候の時限爆弾

一方、シベリアではこのところ超巨大なクレーターが突如出現して、人々をざわつかせている。ヤマル半島近くでは、二〇一四年から年に二個以上のペースで、巨大な陥没穴が発見されている。ついこの間まで原因は謎に包まれ、ＵＦＯの仕業とか、隕石《いんせき》の衝突とか

写真３　シベリアの陥没穴

シベリア北部のヤマル半島に突如できた陥没穴。深さは16メートル。底に見えるのは、水深10メートル以上あるとみられる湖面だ。2014年11月撮影。(写真：ロイター／アフロ)

勘ぐられてきたのだが、二〇二〇年になって巨大クレーターをドローンで分析したら原因が判明した。これも、永久凍土の融解が原因で、土の中に溶けていたメタンに引火して爆発が起きたためという。少し汚い話だが、おならにライターを近づけて小さなガス爆発を起こす少年がどこの国にも少なからず存在するが、同じような現象が自然の世界で大規模な形で起きてしまったと例えられるかもしれない。

　永久凍土が溶けると、氷に閉じ込められていた気体が排出され、メタンや二酸化炭素といった温室効果ガスが大気中に飛び出して、地球の気温上昇を加速させるおそれがある。だから永久凍土は「気候の時限爆弾」と、おどろおどろしいあだ名が付けられている。

時空を飛び超える病原菌

凍土の融解は、同時に〝生物化学兵器〟を目覚めさせることもある。氷の中で長いこと眠っていた微生物が目を覚まし、人を襲った例があるのだ。

二〇一六年、サレハルドというシベリアの町で奇怪な事件が起きた。夏のある日、遊牧民が次々と倒れ、そのうち一二歳の少年が息を引き取った。死因は、炭疽菌《たんそきん》による感染で、一帯では二〇〇〇頭以上のトナカイも死んでいたという。何が原因だったのか。それは記録的な熱波による氷の融解にあった。サレハルドは真冬には気温が氷点下五〇℃近くにまで下がるような極寒の地だが、その夏は異常な暑さで、最高気温は三五℃まで上がった日もあった。これが永久凍土を溶かし、七五年前に炭疽菌に侵された動物の死骸が溶け、そこから復活した細菌にトナカイが感染し、それが人間に広がったという話である。

世界自然保護基金（ＷＷＦ）のアレクセイ・ココリン氏によると、炭疽菌は何百年もの間、凍った動物や人間の死骸の中に身を潜め、氷が溶けるのをじっと待っているという。

恐ろしい話はもっとあって、フランス国立科学研究センターがシベリアの永久凍土に隠れていた三万年前の病原菌を融解させてみたら、息を吹き返した。この生命力と忍耐力には、人間はどうやってもかなわない。

時空を超える病原菌もいれば、海を渡るものもいる。二〇〇二年、デンマークの小さな島で、ウイルスに感染したアザラシの死体が見つかった。そのウイルスが対岸のスウェーデンやドイツ、イギリスなどの海岸にも広がって、二万頭余りの海洋生物が命を落とした。奇妙なのはその二年後のことである。今度は同じウイルスにかかったラッコが、海氷に覆われた北極海を隔てた反対側の北太平洋のアラスカ沖で見つかったのである。ウイルスはどうやって氷の海を飛び越えたというのだろうか。

その理由は、海氷の融解によって新しい通り道が開いたことにあった。その新しく開通したルートを使って、動物たちが悪気なしにウイルスを太平洋に運んでしまったというわけである。ある一地点で誕生した新型コロナウイルスが、海や空を渡って世界のあちこちに拡散していく、今の地上で起きていることと重なるものがあるだろう。

北極海の氷が溶けると、菌が旅しやすくなるほか、海水が動きやすくなって波が伝わりやすくなる。今世紀末には波の高さが今よりも二メートル高くなったり、二〇年に一度くらいの頻度で起きる巨大な高波が、二〜五年の頻度で起こったりするかもしれないそうである。そうなれば沿岸に住む人々の生命や生活が危ぶまれることにもなる。

ホッキョクグマは腹ペコ

氷の融解による最大の犠牲者は、海氷で暮らしている動物たちであろう。ホッキョクグマはその代表格で、家も食べ物も失われて受難続きなのである。彼らにとって海氷は移動式住居であり、普段はゆらゆら揺られながら氷上でアザラシなどの獲物を食べるのであるが、海氷が溶けたことでエサも居場所も減少、そのため代わりの食糧を求めて陸に上がり、好物でもないトナカイを口にするようになっているという。トナカイはサンタを運ぶ筋力はあっても、クマを喜ばせるだけの脂肪は蓄えていないから、アザラシよりおいしくないらしい。

母グマは栄養不足で十分な母乳を出せなくなり、やがて子グマも死んでしまって、北米大陸の北に広がるボーフォート海では二〇〇一年から二〇一〇年の間に四割も個体数が減ったそうである。だから二二世紀にはホッキョクグマが北極の最北端だけにしか住めなくなってしまうかもしれないと話す研究者もいる。そのうち「ホッキョク点グマ」に改名されるかもしれない。

さらにホッキョクグマを襲っているのが、北極海の海洋汚染である。廃棄物などから溶けだした内分泌攪乱《かくらん》物質のポリ塩化ビフェニル（PCB）を食べてしまって、オスの生殖器の骨が折れやすくなっているともいわれている。好物にも、住処にも、子作りの喜びにも、すべてに懸念事項を抱えていることになり、温暖化のとんだとばっちりを受けているのである。

北極は英語で“Arctic”という。語源はギリシャ語のArktosで、意味はクマだそうだ。由来は天の北極に見えるおおぐま座とこぐま座だというのだが、この地では主役のはずのクマがこうした不幸な境遇を強いられるのは心苦しい。

新たな北極海航路が開いた

氷が溶けることで起こりうる負の話を見てきたが、いいことだってないわけではない。まず氷が溶ければ、海が開く。

冬の北極海は厚い氷に閉ざされ、そこを航行することは不可能とされてきた。しかし二〇一一年一月～二月、その前提が覆《くつがえ》される事態が起きた。真冬にもかかわらず、ロシアの大型タンカーが、氷のひしめく北極海航路を突っ切り一往復してしまった。北極海航路とは、ロシアのすぐ北に広がる北極海を通り、ヨーロッパと北アジアを繋げる最短ルートである。

　このタンカーは、ロシア国有の船会社が所有する「クリストフ・ド・マルジェリー号」で、長さ約三〇〇メートルの巨大な船体を持つ、砕氷液化天然ガス（ＬＮＧ）運搬船である。この船は、二〇二一年一月五日にロシア中部のサベッタ港を出発、砕氷船の護衛なしに進み、出発から三週間で中国東部の江蘇省に到着、ここで液化天然ガスを荷揚げした。翌日には早々《はやばや》と中国を出発し、途中、原子力砕氷船に同行してもらいながら、出発から一か月半でサベッタ港に帰りついた。同タンカーは、二メートル以下の氷であれば砕くことができるそうだが、道中は最大でも一メートル半ほどの厚さの氷しかなかったという。

　かくして史上初、冬季に北極海航路が開通したことになるわけだが、実はその一年前の二〇二〇年五月にも、このタンカーは原子力砕氷船と共に「史上もっとも早い時期」に北極海航行を成功させている。この立て続けの快挙は、北極海の海水温が上昇し、氷の融解が進んでいることを示していて、タンカーが通れば、薄い氷がどうぞどうぞと道を開けてくれるのである。

しかしこうして新たな航路が開くことで、招かれざる〝乗客〟が、北極海の生態系を荒らす恐れが出ている。それは船底にくっついて北上する、魚介類である。だから、船底をまめにごしごしこすって掃除するなど、北の海を航行する船には、これまでにない新たなエチケットの遵守が望まれる。

海面上昇で、ひょっこりひょうたん島

氷河の融解は、海面上昇によって沈みゆく島に焦点が当てられがちだが、反対に浮き上がる島もある。

二〇一九年、ロシア海軍が五つの新島を発見したと、鼻息荒く発表した。その島は、北極海に浮かぶノバヤゼムリャ列島にある。この列島は、旧ソ連時代から核実験場として使われてきた場所で、その北半分は氷河に覆われている。ところが氷が溶けて、島々がひょっこり顔を出した。面積は、小さいもので学校のプール二・五個分、大きなもので東京ドーム一個分強であった。面白いのが、発見者がロシアの海事大学に通うマリーナ・ミグノバさんという女学生で、研究のため衛星画像を解析していたところ、たまたま見つけたという。

ところが、こうして衛星では島の存在が確かめられたが、実際に目視で確認されるまでには数年の時を要した。調査員が幾度も出向いたのだが、セイウチの襲撃に遭うなど踏んだり蹴ったりの道中で困難を極め、時間がかかったという。しかし二〇一九年にようやくたどり着いて発見され、マリーナさんはその功績を評価されて、ロシア海軍で海洋エンジニアとなったそうである。これからの時代、極地を空からのぞいてみると、未知の土地を見つけられるかもしれない。

温暖化で得するロシアとカナダ

二〇二〇年、ヨーロッパの大手会計事務所が温暖化に関するレポートを発表し「温暖化で損する国」と「得する国」の数を公表した。それによると、温暖化が経済に負の影響を与えると思われるのが一三〇か国、反対に経済を後押しするだろうと推測されるのが七〇か国だった。得する国のほとんどが寒い国で、ロシア、カナダ、アイスランド、ノルウェーといった北極圏にまたがる国々がランクインしていた。

この報告書が発表されるや否や、「温暖化を後押しするようだ」と世界中から非難が殺到し、事務所は論文の撤回を余儀なくされた。温暖化の利点は、公言してはならないというのが不文律なのだろう。しかしそんな倫理観を横目に、北の国や北の土地を先物買いできた国々は、虎視《こし》眈々《たんたん》と温暖化の利を狙っているようである。

北極より二〇℃も寒い南極

さて次に、地球をぐるっと半周した南極の話に移りたい。ここでは昔、チリとアルゼンチンが縄張りを主張して、犬も食わないいがみ合いをしたことがあった。

まず武力の代わりに頭を使い、アルゼンチンが奇抜な策に出た。観測隊員の身重の妻を本土から呼び寄せ、南極で子供を産ませようと思いついたのである。こうすることで領土を主張できる口実になると考えたのだった。かくして一九七八年一月七日、世界で初めての南極大陸生まれのエミリオ・パルマ君が産声を上げた。その直後から、アルゼンチン政府は、南極が描かれていないアルゼンチンの地図をすべて禁止した。

してやったりと思ったのも束の間、今度はチリが反撃に出た。「たったおひとりですか？」と嫌味を言って、新婚カップルを南極に送り、一九八四年に、世界初の南極で身ごもった赤ん坊を誕生させた。純南極生まれということなのだろう。こうして両国やり合い、南極にベビーブームを起こしたが、現在は、南極は「人類の共有財産」という約束のもと、争いが凍結されている。ちなみに〝エミリオ〟君の名前の意味を調べてみたら、西和辞書に「ライバル」とあった。偶然なのか、わざとなのか。

そんな〝エミリオ〟と違って、南極の英語名アンタークティカ（Antarctica）には、特段の工夫もないように見える。なんせ、反対を意味する「アンチ（Anti）」と、北極を意味する「アークティック（Arctic）」を足しただけなのである。

しかし、単純だが、ごもっともな命名である。それは南極が多くの面で北極と非常に異なっているからである。たとえば北極の中心、北極点は海の中にあるが、南極点は陸の上にある。南極大陸の大きさは日本の三六倍もあって、その広大な大地の九八％が雪氷で覆われている。そこには地球に存在するすべての氷のうち九割が、また淡水の七割があって、仮に全部溶けたとしたら、世界の海面を平均六〇メートル押し上げるという。「超高層マンション」が六〇メートル以上だから、それより低い建物は水の中に隠れてしまう。

次に、南極は北極と比べ物にならないくらい寒い。地上で観測された南極の低温記録である氷点下八九・二℃（一九八三年七月二一日ソ連ボストーク基地）は、世界記録でもある。一方で、北極の低温記録は一九九一年にグリーンランドで観測された氷点下六九・六℃だから、その差は二〇℃にも及ぶ。南極を探検したイギリス人Ａ・チェリー・ガラードは、自身の著書『世界最悪の旅』の中で、南極の寒さをこう描写した。「よく寒さで歯がカチカチ鳴るというが、そんなものは通り越して、体が鳴るほど寒かった。（略）歯の神経はとうの昔にバラバラになって、何も感じなくなっていた」。

陸を覆う白い万年雪が、太陽光のほとんどを跳ね返すから、南極は寒気の巣窟となる。とはいえ、夏には白夜《びゃくや》が訪れ、一日中太陽が当たり、黒い物体などはやたらと熱を吸収する。村山雅美著『南極点への道』には、こう記されてある。「不思議なこともあるものだ。（略）気温零下四〇度の無風快晴の時、（雪上車の）黒い外壁はなんとプラス五七度。（略）外気温と実に一〇〇度近い差があるのだ」。南極に生息するペンギンの背中の黒色も、寒いときに太陽に向けて体を暖めるのに役立つという。ここでは黒は〝自然のヒーター〟なのである。

東部にポツンと昭和基地

南極大陸はいびつな形をしている。片方の沿岸は緩やかな弧を描いているが、反対側は二か所大きくくびれているうえに、ひょろりと半島が突き出ている。南極半島は、尻すぼみの形をしている南米大陸に向かって延びているから、なんとなく映画『E．T．』の指

図５　南極大陸

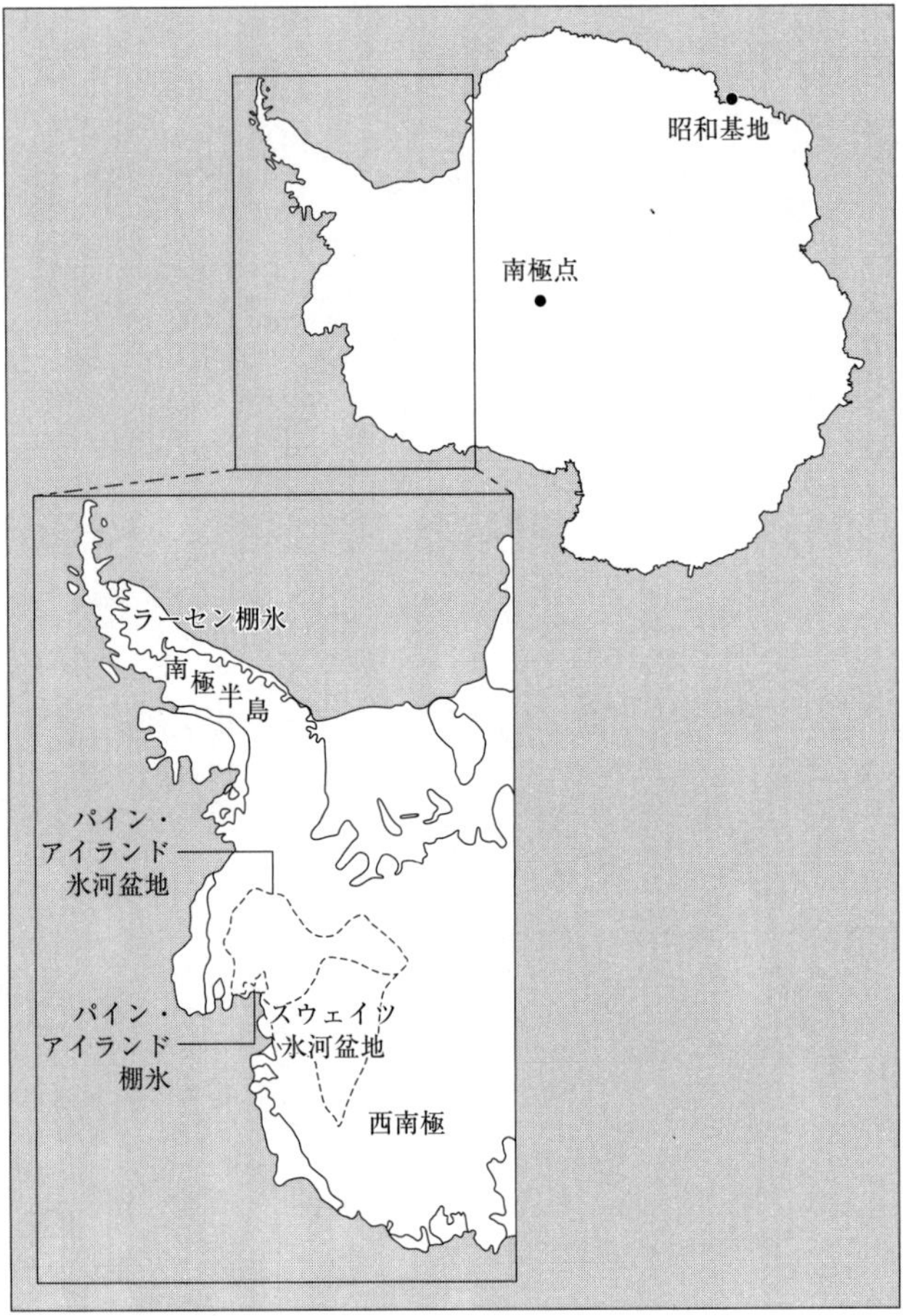

西南極のスウェイツ氷河盆地や、ラーセン棚氷では降雪を上回る速度で氷が溶けだしている。

と指を近づけるシーンを彷彿《ほうふつ》とさせる。

半島の突き出る南極の西側は、東側よりも温暖で、多くの国々の観測基地が建てられている。ところが、一九五七年に建てられた日本の昭和基地は、反対の東部に置かれている。映画『南極物語』のタロとジロが置き去りにされたのも、この厳しい寒さの昭和基地だった。この場所と、南極半島にあるエスペランサ基地（アルゼンチン）の真冬八月の日平均気温を比べると、一〇℃もの差が存在する。ではなぜこんな過酷な場所に日本の基地を建てたのか。意外に悲しい背景がある。一九五〇年代、国際地球観測年に合わせて各国が南極調査を開始したころ、第二次世界大戦の敗戦国だった日本は「国際舞台に復帰する資格なし」と言われ、痛烈な仲間はずれにあった。結局、参加は認められたものの、担当を許されたのが、誰にも見向きもされなかった「未踏の地」とされる場所だったのである。貧乏くじを引かされたが、観測基地が少ないぶん希少なデータが得られ、世界的にも珍しい発見ができた。たとえば世界で初めて「オゾンホール」が発見されたのも昭和基地で、その世界初の発見者は忠鉢《ちゅうばち》繁《しげる》研究官である。しかしながら、国際的にオゾンホールの発見者として知られているのは英国人のＪ・Ｃ・ファーマンである。

絶滅に向かう氷河

近年は、この南極半島の気温が急速に上昇して、ここ五〇年ほどの間に一〇〇年あたりの平均気温が三℃も上がり、地球全体の平均の昇温ペースである〇・七℃をはるかに上回る速度である。おかげで、シベリアとアラスカなどと肩を並べる、世界でもっとも昇温が激しい三か所に数えられている。二〇二〇年には、エスペランサ基地で、一八・三℃まで気温が上がり、南極の観測史上最高気温となった。

だから南極の氷河が著しく溶けるのも無理はない。「スウェイツ氷河」は、世界一横幅の長い、〝幅を利かせた〟氷河であり、すべて溶けると地球の海面が六〇センチも上昇するとまで言われる場所なのだが、年平均五〇〇億トンという絶望的な量の氷が溶けているという。この氷河が溶けると、その背後から次々と氷河が滑り落ちてきて海に流れ出す恐れがあるため、「終末氷河」とか「絶滅に向かう氷河」などという、おっかないあだ名が付けられている。

スウェイツ氷河の下からは、長さ一〇キロ、幅四キロ、深さ三五〇メートルもの巨大な空洞が見つかっている。何が原因なのか、英米の研究者が調べたら、氷河の下に流れ込んだ暖水が氷を溶かしていたことが判明した。要するにスウェイツ氷河は、陸と海中、つまり上と下の両方から氷が消えていっているのである。

現実になる『デイ・アフター・トゥモロー』

南極半島の東の海岸に広がる「ラーセン棚氷《たなごおり》」もまた、近年になって一気に崩壊している。ハリウッドのパニック映画『デイ・アフター・トゥモロー』は、このラーセン棚氷に亀裂が入るシーンから始まっている。

「棚氷」とは、陸上から滑り落ちた氷が海の上に押し出されて浮かんだ部分であり、それが割れて分離すると「氷山」となる。二〇一七年、ラーセン棚氷から、史上最大クラスの大きさの氷山、「Ａ68ａ」が誕生した。人差し指を突き出したような、淡路島の形とそっくりの氷山なのだが、その面積は淡路島の七倍もあり、「メガ氷山」とも呼ばれた。Ａ68ａは棚氷から分離後、南極海を三年半かけて四〇〇〇キロ漂い、二〇二〇年にイギリス領サウスジョージア島という小さな島に近づいた。このまま島に衝突したり、座礁したりすれば、ペンギンが海中で餌をとるのに大幅な遠回りを強いられ、力尽きて命を落としてしまったり、島で親の帰りを待つ赤ちゃんペンギンが餓死するなど、生態系に大きな悪影響が出ると不安視された。幸い、氷山は島から遠ざかったために事なきを得たのだが、完全に一件落着というわけではない。

それはA68aが、サウスジョージア島の近くで溶けながら漂い、三か月で一五〇〇億トンともいわれる大量の淡水を海に撒き散らしたためである。だから海の塩分濃度が薄くなったり、南極由来のミネラル分が撒かれたりして、生物に何かしらの影響を与えた可能性があると研究者は危惧している。

南極海の氷山の数は年変動が激しいものの、長期的に見ると増えていると言う人がいる。つまり当然ながら、船が氷山に遭遇するリスクも高くなっているということである。ぶつかればどれほどの衝撃だろうか。一般に、氷山の強度はコンクリートの一割程度といわれるのだが、衝突時のスピードや衝突面積を鑑《かんが》みると、事故に繋がることは避けられない。二〇世紀最大の海難事故とされたタイタニック号の沈没も、北大西洋に浮かんでいた氷山との衝突が原因だった。実はいま、オーストラリアの大富豪主導で初代とそっくりなタイタニックⅡ号の建造プロジェクトが進んでいるのだが、氷山の増加で、一代目よりもさらに危険な航海が待っているのではないかと、ひそやかに噂されているのである。

しかし氷山が増えれば、少なからず良い面もある。まず、大きな氷が海水や空気を冷やしてくれるから、その分だけ温暖化を減速させる効果が期待できる。さらに氷山の目撃チャンスが上がって、船で行く氷山見学ツアーがますます人気となるだろう。すでに氷山の水を使用した〝一〇〇%氷山ミネラルウォーター〟や、〝氷山ウォッカ〟なる飲み物も人気になって、恩恵に与っている人たちもいるようである。

ここまで、氷が溶けた話をしてきたから一見矛盾するようなのだが、その実、南極全体の海氷は増えていることが分かっている。氷が溶けているのは南極半島のある西側で、東側では逆に氷が増加しているのである。南極の海氷は一九七九年から右肩上がりの傾向にあるという。なぜこのようなパラドクスが起きているかと言えば、気温や水温が上がり空気中の水蒸気が増え、雪が多くなっているということが一因のようなのだが、まだまだ解明されていない点が多く、専門家はいまなお謎解きに励んでいる。

その反対に北極の海氷は減少傾向だから、この点から見てもやはり、南極と北極は正反対である。話を戻せば、「北極の反対」というネーミングは簡素でいて、なかなかのセンスがある。

大雨

同じ雨でも、降る場所ごとに影響は多種多様、想像だにしない事態に発展することがある。エジプトでは人里にサソリが襲来し、ケニアではバッタの大群が空を覆う。アメリカでは陥没穴が開いて、水の中のイルカは〝やけど〟を負う。一体なぜなのか。

勝手気ままな人間たちに、天はあの手この手で罰を与えた、と古《いにしえ》の書には書いてある。禁断の果実を食べてしまったアダムとイブには、労働とお産と死の苦しみを、神を無視した人間には、洪水という戒めを与えた。そうして、品行方正なノアとその家族、動物たちだけが箱舟に乗って生き残った。しかしノアの末裔《まつえい》であるわれわれ現代人は、自分たちの勝手気ままな行いで大雨を降らせ洪水を起こし、自らを生命の危機に追いやっている。今増えている自然災害の多くは、神を責めるわけにはいかない。

日本国内ではゲリラ豪雨のような強烈な雨も増えてきたし、毎年のように洪水被害が起きている。世界ではどんな変化が起きているのだろうか。詳しく見ていこう。

アマゾン川の倍の水蒸気量を持つ大気の川

米国ワシントン州シアトルには、スターバックスやタリーズコーヒーなど、世界的なコーヒー店の本拠地がひしめき合っている。でもなぜ、シアトルではコーヒーが人気なのか。それには天候が関係している。

シアトルは秋から春にかけて連日のように雨が降る。そのうえ緯度も高いから、寒い時期は太陽がほとんど昇らず、一日の大半が闇か雨雲に包まれる。どんよりしすぎて気分も晴れないから、脳をガツンと刺激する濃いコーヒーでもなければ人々はやっていられないというわけである。だから晴れ続きの冬に慣れた東京在住の筆者が秋のシアトルに行ってみたら、あまりに曇天続きで気が滅入ってしまった。ただ雨のおかげで町は緑にあふれ、州の別称は「エバーグリーン」である。

雨には慣れっこのシアトル市民も、二〇一七年の冬はまいってしまった。なんせ二月と三月の総降水量は過去一二〇年で最大となって、下水施設が壊れたり、汚水が海に漏れたり、気温が下がって花の開花が遅れたりするなどの影響が出た。この時、同じく西海岸に位置するカリフォルニア州でも大雨が降って農場が泥だらけになり、細菌が増殖した。

図6　大気の川

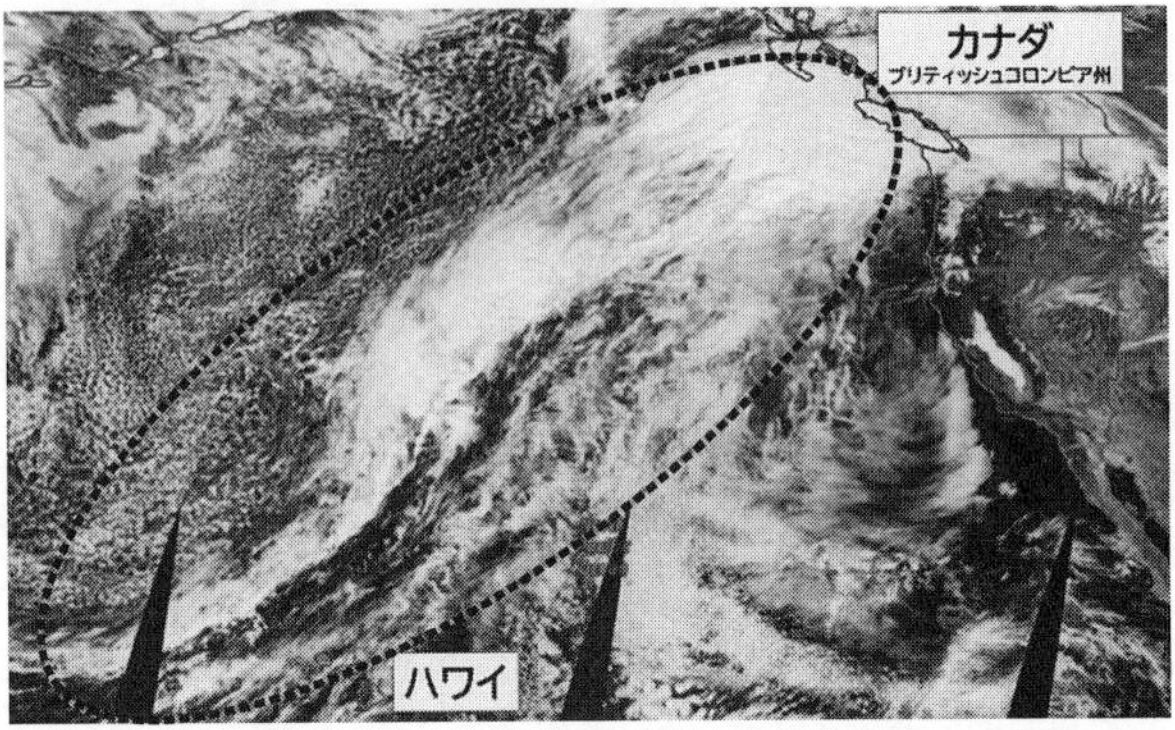

雲が川のように連なり、太平洋中部から北米大陸の約5000キロにわたって延びている。この「川」を流れるように熱帯の海上の大量の水蒸気がカナダやアメリカの西海岸に流れ込み大雨をもたらす。（NASAの衛星写真をもとに筆者作成）

図6はその年の衛星写真である。太平洋のハワイ周辺からカナダの西海岸にかけて延びる長い雲が見えるだろう。これを「大気の川（atmospheric river）」と呼ぶ。天の川を星の集まりとするならば、大気の川は空にかかる水蒸気の集合体で、熱帯出身の湿った空気をジェット気流というベルトコンベアーに乗せて、高速で高緯度に運んでいく。大気の川は言うなれば、〝空飛ぶ巨大給水列車〟だろうか。その長さは数千キロ、幅は数百キロにも及んで、運ばれる水蒸気量は地上で最大の流域面積をもつ河川であるアマゾン川の流量の二倍に匹敵することもある。

北米大陸にかかる大気の川の上流はハワイ近海だから、ハワイ州のニックネーム「パイナップル」から借用して「パイナップル・エキスプレス」などとも呼ばれている。冬の西海岸に、熱帯由来の湿気を持ち込み大雨や大雪を降らせ、森を育《はぐく》み、貴重な水資源となる一方、洪水や土砂災害を引き起こしては人々を困らせる。カリフォルニア州の年間降水量の約半分は、大気の川がもたらすほどという。ただ一括りに大気の川と言っても、その規模は千差万別で、弱いものは恵みの雨をもたらすだけで終わるが、強いものだと何週間にもわたって雨を降らせる。今から一六〇年前にはカリフォルニア州で四三日間も雨が降り続き、「メガフラッド」なる、歴史的な大洪水に発展したこともある。

大気の川は世界中で見られる現象で、地球全体の雲画像を見渡せば、毎日一〇個くらいは見つけられる。日本に現れる梅雨前線は、インド洋を上流とする大気の川の一つである。

現在のところ、大気の川が増えているという明白な証拠はないという。興味深いことに、それには空気の汚さが一役買っているという話がある。というのも、エール大学の研究によれば温室効果ガスが増えて空気が暖まり、大気中の水蒸気量が増えている一方で、大気汚染物質が太陽光を反射させて地球を冷やし、増えた水蒸気量分を相殺してしまっているからだという。だから今のところは、大気の川による降水量は増えていないという。ただ、それも時間の問題で、これから益々地球が暖まると、大気汚染の影響を大きく上回るほど温室効果ガスが増えて雨が増えるだろうというのである。しかも大気の川は長く、太く、そして長寿になると予想されている。NASAのジェット推進研究所などの研究によれば、今のペースで温室効果ガスが排出されるならば、今世紀末には世界の大気の川の長さと太さがそれぞれ最大二五%増え、大気の川によって天気が荒れる頻度は今より五割増しになるかもしれないという[26]。そうなれば、シアトルでは、コーヒーをおかわりする人が増えるに違いない。

大気の川の上流が、海ではなく乾いた陸であるときは、雨ではなく砂を運んでくる。たとえば世界最大の砂《すな》砂漠であるサハラ砂漠一帯から流れ出す大気の川の場合、その八割がヨーロッパに砂を送りつけて、空を赤くしたり、人を咳き込ませたり、飛行機の予定を狂わせたり、迷惑をかけているようである。

フロリダの恐怖の陥没穴通り

記録的な量でなくても、雨はもろい地盤の上に住む人たちを恐怖に突き落とす。二〇一三年二月、米国フロリダ州タンパ郊外で大雨に絡む大事故が発生した。

深夜、三七歳のジェフ・ブッシュさんが平屋建ての自宅の寝室でぐっすり眠っていると、耳をつんざくような轟音とともに突然大地が抜け、部屋が丸ごと地中に落ちてしまった。家族や警察の血眼《ちまなこ》の捜索もむなしく、瓦礫《がれき》や土砂で生き埋めになったと思われるジェフさんの遺体は最後まで見つかることはなかった。陥没穴の直径は五メートル、深さは二〇メートル近くあったという。しかし一体なぜ、こんな悲劇が起きたのか。

実はフロリダ州は、世界でもっとも多く陥没穴（sinkhole）が出現する地域であり、一年で約七〇〇〇個も発生した年もある。だから陥没穴は、ワニやヤシの木、ハリケーンと肩を並べるフロリダの〝名物〟だという人もいる。そんな州の中でも、事故の起きたフロリダ中西部は「陥没穴通り」と呼ばれ、この一帯から請求される陥没穴関連の保険金額は州全体の三分の二を占めるほどである。

フロリダ州は、石灰質の地盤が広がっている。石灰岩は酸に溶けやすく、雨や地下水で溶けて無数の穴が開いており、地盤がもともと不安定なのである。こうしたいかんともしがたい地質の問題に加え、人口増加による地下水のくみ上げすぎや、農業用パイプなどの地下工事が盛んにおこなわれるようになったという人為的な理由から、一層事故が起きやすくなっている。雨季の始まる夏は「陥没穴シーズン」などともいわれ、とりわけ危険な季節である。世界の気温が〇・一℃上昇すると雨が増え、陥没穴は一〜三％増えるという研究もある。

そんな状況に州政府も手をこまねいているわけではない。穴の開きやすいエリアを一目で確認できる「陥没穴マップ」を作っているが、リスクの高い土地は比較的安く購入できるから、住民がいなくなるわけではないという。経済的な理由から、安全を手に入れることができないという悲しい事実である。同じような話は他にもあって、ニューヨークでは家賃が高すぎるために、経済的に困窮した人々が、違法な地下の家で暮らしているという。洪水が起きれば水没する危険があるにもかかわらず、非常口もないような危ない住居である。二〇二一年にはハリケーンのもたらした大雨によって、地下室に住んでいた二歳の赤ん坊と両親が溺死するという悲惨な事故があった。

水中で〝やけど〟するイルカ

次は湖で起きた怪事件である。二〇〇七年、アメリカ・ルイジアナ州の湖で、やけどのようにひどく皮膚がただれた多数のバンドウイルカの死骸が発見された。現場はポンチャートレイン湖、全米屈指の広さを誇る塩水湖である。死骸には頭から尾ひれまで斑点状に傷があり、血がにじみ出ている。この痛々しいイルカがアメリカで発見されたのを皮切りに、オーストラリア東部のギプスランド湖でも同じような症状の二頭のイルカの死骸が見つかったと報告された。その後も、同国パース付近、米国フロリダ州やテキサス州などで次々と傷ついたイルカが見つかるようになった。海洋学者たちは、この奇妙で無残な変死体に目を丸くし、頭を悩ませたが、十数年後、真相が明らかになった。犯人は意外なものだった。

それは大雨である。オーストラリアのマードック大学などの研究によると、一度に大量の雨が降ると、海や塩水湖の塩分濃度が急激に下がり、その結果淡水に長いことさらされたイルカの体表からたんぱく質が失われる。そうしてイルカの体の最大七割に斑点状の皮膚疾患が発症して、最悪の場合死に至るという。この病は「淡水皮膚病」と命名され、人の場合に例えると、皮下組織までダメージを受けるような、もっともひどいやけどの分類である「Ⅲ度熱傷」に当たるという。実際、第一現場となったルイジアナ州では、死骸が発見される二年ほど前にハリケーン「カトリーナ」が上陸し、記録的な大雨が降っていた。近年の気温上昇の影響で、大雨の頻度や量が増えたことで、イルカの犠牲を生んでいるという。

大量の毒サソリが流れて来た！

　このように大雨で〝水中やけど〟するイルカもあれば、砂漠で溺れ死ぬ人もいる。あまり知られていないが、砂漠では喉が渇いて死ぬ人よりも、溺れて亡くなる人の方が多い。洪水とは無縁と思われがちの砂漠だが、時として降る急な雨は、崖を大滝に、地面を大河に変える。雨の量はわれわれ日本人にとっては拍子抜けするような少量でも、カラカラに乾ききった砂の上ではガラス面を滑るように、そのまま流れていく。砂漠の地面には、水を蓄えてくれる柔らかな土壌も、植物も微生物も存在しない。だから降ればすぐに下流にある都市部に洪水が押し寄せて、被害は甚大になる。

　二〇二一年にエジプトの都市アスワンに降った大雨は、洪水のみならず、砂漠から市街地に毒サソリを流して、ホラー映画さながらの様相となってしまった。このサソリは特別に猛毒で、刺されると頭部の異常な動きや筋肉の痙攣《けいれん》、呼吸困難などが起こり、ひどい場合には一時間以内に死に至るという。

　アスワンはエジプトの中でももっとも雨が少なく、年間降水量たった一ミリ、雀の涙ほどしか降らない。そんな究極の乾燥地帯に突如降った大雨は、大地を潤す暇もなく、ワジと呼ばれる涸れ川を急降下して無数のサソリとともに都市部を襲った。サソリのほうだって、いきなり住処を追われ、気がついたら知らない土地に着いているのだから怖くなって、人間の住宅に身を潜めた。そんな彼らに運悪く出会ってしまった人間が毒針に次々と刺され、あちこちの病院に駆け込む騒動となった。ちょうどそのころ、病院などは新型コロナウイルスの予防接種に追われていたが、急遽予定を変更して、サソリに刺され慌てて駆け込む患者たちに解毒用の注射を施した。一晩にして、五〇〇人以上がケガをしたそうである。

日本にサソリがいなかったのは幸いである。ギリシャ神話の世界では、強靭な狩人オリオンですら、サソリに刺され死んでしまった。そうして星座になった後もサソリに怯《おび》え、天にさそり座が顔を出すと、そそくさと地平線に姿を消してしまう。サソリに出くわしたら逃げるのが正解で、世界全体ではサソリに刺されて亡くなる人は年間三〇〇〇人、ワニに襲われて亡くなる人の一〇〇〇人を大きく上回る。

サバクトビバッタの大発生も大雨のしわざ

サソリも怖いが、それより怖いのがバッタの大群かもしれない。昼を闇夜に変えてしまうほど大勢のバッタが、二〇二〇年にアフリカ東部からアラビア半島、そしてインドにかけての広範囲を覆い尽くした。その背景にも大雨がかかわっている。

悪夢の始まりは、二〇一八年にサイクロン「メクヌ」がオマーンに上陸した時にさかのぼる。メクヌはオマーン南部に観測史上もっとも強い勢力で上陸し、五年分の大雨を一気に落としていった。そこへ持ってきて数か月後には、別のサイクロン「ルバン」がこれまたオマーンに上陸し大雨を降らせていった。おかげで、「空虚の地」と称されるほど不毛の大地と、干上がっていた湖の風景が、水の輝く緑の大地に姿を変えた。

急に現れた楽園にバッタは大喜び、血気盛んに子作りに励み、生まれた子供ものびのび育って、やがて住み慣れた祖国を飛び出した。北はイラン、東はインド、南はアフリカへと足を延ばし、そこで好き放題畑を荒らしては、人々を困窮させていった。バッタにとって幸運は重なるもので、その頃ちょうど新型コロナウイルスのパンデミックが起きていて世界的な物流が止まっていたから、人間は殺虫剤などの武器の補給路を一時絶たれていたのである。

バッタの何が恐ろしいか。異常繁殖したのは「サバクトビバッタ」という種なのだが、彼らはたいてい穏やかなのに、大勢集まるとムシが変わったように性格が変わり、突然気性が荒くなる。怒りは表にあらわすタイプで、体色を地味な茶色から派手な黄色へと変える。増殖力も度を越していて、三か月で二〇倍に膨れ上がり、一平方キロメートルの面積に八〇〇〇万匹という大群を形成するという。国連食糧農業機関（ＦＡＯ）によれば、ケニアで神奈川県の面積に相当する二四〇〇平方キロメートルもの大きさのバッタの一群が見つかっているが、これは国内過去最大だろうといわれた。数も見た目も恐ろしいが、凄まじいのがその大きな胃袋で、それぞれの個体は一日に二グラムの農作物を食べるから、八〇〇〇万匹の大群が一日に平らげる総量は人間三万五〇〇〇人が一日に食す量に相当するという。そんな凶暴大食いバッタが、ただでさえ、紛争や干ばつ、貧困などで食糧不足にあえぐ国々を襲っていったのである。

　そんなサバクトビバッタに抵抗しようと、多くの国々が空中から殺虫剤を振りかける中、中国が奇抜な援助を申し出た。隣国パキスタンに一〇万羽のアヒルの援軍を送り、参戦させると助け舟を出したのである。マンガのようだが本当の話である。なんでもニワトリだと一日に食べられるバッタの数は七〇匹程度だが、アヒルなら二〇〇匹は食べられるうえ、統制もとりやすいらしい。ＳＮＳ上では、「行け、アヒルたち！　生きて帰ってくることを祈っている」などと派遣を歓迎する中国人が多かったが、どうやら実現には至らなかったようである。

このように海水温や気温の上昇がサイクロンや降水パターンに変化をもたらすと、バッタが大発生しやすくなるという。大雨が害虫の大発生を引き起こして、何十億人という人々に影響を及ぼすことになってしまう。

旧約聖書『出エジプト記』の一節にはこうある。

「モーゼは、エジプトの地の上に杖を差し伸ばし、終日終夜その地の上に東風を吹かせた。朝になると東風がバッタの大群を運んで来た。（略）それらは全地の面をおおったので、地は暗くなった。地の草木も、ひょうを免れた木の実も、ことごとく食い尽くした。エジプト全土にわたって、緑色は木にも野の草にも少しも残らなかった」

その昔、バッタの大発生は怒った神が人間に下したバツだった。でも今は、自分が蒔いたタネである。

＊26　「Climate Change May Lead to Bigger Atmospheric Rivers」 Jet Propulsion Laboratory, 24 May 2018

ハリケーン

台風、ハリケーン、サイクロン、いずれも風の強い熱帯低気圧のことだが、昨今奇妙な嵐が増えている。一〇〇〇年に一度の大雨を落として地面をへこませたり、上陸後に〝開眼〟して、水陸両用、所かまわず発達したりするものもある。一体何が原因なのだろう。

台風は「地球最大の飛脚」である。南国の暖かすぎる空気を寒すぎる北国へと運び、無尽蔵な海の水を乾いた陸地に届けている。しかし、その方法はいたって荒々しいため、貢献度のわりにさっぱり感謝されない。それもそのはず、台風は過去二〇〇年で二〇〇万人の命を奪っている。

台風の役割は壮大だが、近づかれると迷惑千万。雨で腰まで水に浸かり、家や木々がなぎ倒される。やりたい放題の台風を見かねたトランプ米大統領（当時）は二〇一九年に、「海上でハリケーンの目に核爆弾を落とし、破壊すればいいではないか。なぜできないんだ」と憤慨して、周囲をまごつかせたと伝えられている。ハリケーンとは、アメリカ近海で発生する、強い台風のことである。
しかしそもそも、核爆弾で台風を弱めることは可能なのだろうか。アメリカ海洋大気庁のホームページの「よくある質問」コーナーには、このようなことが書かれている。

質問：なぜハリケーンを核攻撃して破壊しようとしないの？
回答：発達したハリケーンの放出するエネルギー量は五〇兆〜二〇〇兆ワットに及び、これは二〇分おきに一〇メガトンの原子爆弾を爆発させたときの熱量に等しい。つまり膨大なエネルギーが必要なので、核爆弾でハリケーンを破壊することは不可能である。さらに言うまでもなく、核爆弾を使用すると大量の放射性物質がばらまかれ、環境に壊滅的な影響を与えるので、まったくいい考えではない。

「無理である」と回答していることにホッとするが、これがアメリカにおいて「よくある質問」であることには大きな衝撃を受ける。

台風を発達させるマジックナンバー

核爆弾をもってしても立ち向かえないハリケーンだが、その膨大なエネルギーはどこからくるのだろうか。

それは水蒸気である。考えてみよう。氷を溶かして水にするには、熱を加えなくてはいけない。同じように、水を水蒸気にするにも、熱が必要である。この原理から、汗（水）が蒸発する（水蒸気になる）ときには、肌から熱を奪ってエネルギー源を確保している。結果、肌の温度は下がることになる。その反対に水蒸気を水にするとエネルギーが放出されるが、それが台風のエネルギー源になるのである。この熱は潜る熱と書いて「潜熱《せんねつ》」というが、潜熱は空気を暖め軽くして上昇気流を起こし、雲をぐんぐん成長させる。そうして台風がぐるぐる回転すればするほど、多くの水蒸気を吸い込んで発達する。台風はこんな風に、水蒸気という燃料だけで数千キロも移動するのだから、究極にエコである。

台風を発達させる第一条件は、水温が二六℃以上であること。面白いことに、二六℃は台風にとってのマジックナンバーであるとともに、人にとっても特別な水温で、屋外プールの心地よいとされる温度の境目でもある。二六℃より高いと、大半の人たちが温かいと感じて、長いこと水に浸かっていられるようだから、台風にとっても人間にとっても快適な環境は同じようである。この第一条件に加えて、上空の風の吹き方などの他の条件が揃うと、いよいよ中心付近の最大風速が秒速三三メートルを超える、「ハリケーン」が発生する。なおハリケーンの語源は、カリブ海諸国の言葉の「フラカン」で、〝嵐の神〟の名前である。

一〇〇〇年に一度の大雨とは

近年ハリケーンが、全米記録を塗り替えている。たとえば二〇一七年八月にテキサス州に五六年ぶりの勢力で上陸したハリケーン「ハービー」は、こともあろうに上陸後まもなくスピードを落とし、数日間テキサス南部に居座った。腰の重いハービーは結果、ヒューストン郊外に一五〇〇ミリという桁外《けたはず》れの大雨を降らせ、ハリケーンの雨量としての全米記録を塗り替えてしまった。テキサス州南部では、一〇〇〇年に一度ともいわれる大雨になって、秋田県を二つ並べても足りないほど広大な土地が浸水し、三〇万軒が被害に遭い、土砂崩れや洪水、感電などで一〇〇人以上が死亡したとされている。

ワシントンポストの記事によれば、ハービーがアメリカに降らせた雨の総量は約一二五〇億トンである。これは、東京タワー三六〇〇万本分にも相当し、あまりに重いから地面もへこみ、テキサスとその周辺の地面は一時的に最大一・八センチも沈下したそうである。

ただし大地はトランポリンのようなものらしく、水が乾いて大地が軽くなれば、また元に戻るという。

ちなみに一〇〇〇年に一度の大雨、とは一〇〇〇年前、つまり平安時代以来の大雨ということではない。これは一年のうちに（一÷一〇〇〇＝）〇・一％の確率で起こる程度の大雨ということである。だからそんな稀な豪雨だって、人によっては人生に何度も経験することがありうる。意外にわかりにくい概念だから、人々の頭をごちゃごちゃにしてしまって、アメリカでこんな苦情が寄せられたことがある。

二〇一八年、米メリーランド州エリコットシティに、二〇一六年に続いて一〇〇〇年に一度の大雨が降ってしまった。その時、「二年ぶり二回目の一〇〇〇年豪雨」というネット記事のタイトルが付けられたが、さっぱり意味が分からないという苦情である。

ハービーがテキサス州に上陸した翌年の二〇一八年には、ハワイにハリケーン「レイン」が接近した。実は太平洋にぽつんと浮かぶハワイでも、意外なほどハリケーンの直撃が少ないのは、周囲を比較的冷たい海水に囲まれていること、おまけに常に吹いている北東風のおかげでハリケーンの形成が邪魔されることなどが理由である。だから住民の間では、「ハリケーンはハワイを避ける」という神話じみた話も浸透している。ところがその神話を覆すように、レインはハリケーンの最強ランク「カテゴリー5」の強さでハワイ島に最接近。辛うじて直撃は免れたものの、一五〇〇ミリ弱の、ハービーに次ぐ全米史上二番目の雨量を落としていった。この年ハワイ島は、キラウエア火山の噴火で観光地には閑古鳥が鳴いていたのだが、追い打ちをかけるようにハリケーンが迫って、経済は大打撃を受けた。

キャーという名のサイクロン

サイクロンはどうだろう。インド洋や南半球に発生する台風はサイクロンと呼ばれる。

このところインド洋では過去に例を見ないほど強いサイクロンが立て続けに現れている。まず二〇一九年にはアラビア海に、「キャー」という強烈な名前のサイクロンが発生。名に恥じぬ発達ぶりで、イギリス気象庁によると、中心気圧は九一五ヘクトパスカルまで下がって、アラビア海における観測史上最も気圧の低いサイクロンとなった。これが上陸したら、キャーという悲鳴どころの騒ぎではなかったが、幸いどこの国にも上陸せず、海で衰弱した。しかしオマーンやサウジアラビアといった中東諸国では、高潮や大雨の影響で多数の死者が出ることとなった。

おそらく誰もが気になっていると思うのだが、「キャー」とはどんな意味なのか。その意味は雄たけびではなく、ミャンマーの言葉で「トラ」を意味するそうである。インド洋のサイクロンの名前には中東や南アジアなど沿岸国の言葉が使われるのだが、どうも日本人の耳にはおかしなことになってしまうようで、翌年五月に発生したサイクロンは「アンパン」という、拍子抜けするような名前がついていた。アンパンとは、タイの言葉で「空」を表す。一時、ベンガル湾における観測史上最強クラスの勢力に発達し、その後インドに上陸、「粉砕された」と気象局が被害地の様子を表現するほど甚大な爪痕《つめあと》を残していった。ベンガル湾は陸地に挟まれ面積が狭く、一度サイクロンが発生すれば上陸する可能性が高くなる。さらに沿岸国であるインドやバングラデシュなどは、世界一の過密国であるばかりか海抜ゼロメートル地帯が多いことから、世界でもっとも死者の出やすい危ない海域であると、陰口を叩かれている。

こんな風に記録的な強さのサイクロンや、途方もない雨量が記録されているが、異様なのはそれだけではない。

油断大敵、〝水陸両用〟ハリケーン

上述したように、ハリケーンのエネルギー源は海の水蒸気だから、ひとたび上陸すれば「陸に上がった河童」。水蒸気が補給されない上に、地面との摩擦によって風が弱まり、衰えていく。ところが、このところ上陸後もなかなか勢力が弱まらなかったり、逆に強まったりするハリケーンが増えているという。

たとえば二〇二一年、ルイジアナ州に州の観測史上最強クラスの勢力でハリケーン「アイダ」が上陸したときには、上陸後もハリケーンのままで半日近くにわたって内陸を進んだし、二〇一八年にオーストラリアの砂漠に上陸したサイクロン「ケルビン」は、こともあろうに上陸後に強まって、陸上で〝開眼〟したほどだった。

一体全体どうやって栄養のない陸の上で強まることができたのだろう。その原因は巨大な水たまりにある。たとえば、ハリケーンが上陸する前に、すでに陸上に大雨が降っていたり、地面が水浸しになっていたりすると、それが小さな〝海洋〟となって、ハリケーンがエネルギー補給してしまうのである。この効果は「ブラウンオーシャン効果」と呼ばれる。近年では、強大なハリケーンのおよそ五分の一が、この効果によって陸上で発達しているという。この〝茶海〟効果を起こしたハリケーンは「テラケーン（テラ〔大地〕＋ハリケーン)」、また台風の場合は「ランドフーン(ランド+タイフーン)」などと呼ばれることがある。その命名センスは、リモコンとかキムタクとか、日本人のそれに共通するものがある。

ところで、ブラウンオーシャン効果の研究が始まるきっかけとなったのが、二〇〇七年にテキサス州に上陸した「エリン」である。上陸後に「目」を形成し、最盛期を迎えた姿を見て、気象学者の目は点になってしまった。珍しい現象であり、二二七個の嵐のうち一六例のみだったという統計もある(二〇一三年)。世界でもっともよく起こるのがオーストラリアで、大雨が熱い砂漠の上に降って、蒸発するときに出た水蒸気がサイクロンにエネルギーを補給する。現地では「agukabams」、アボリジニーの言葉で「陸の嵐」というそうである。

地球が暖まると、こうした型破りの異端児ストームが、ますます大きな影響をもたらしていくことだろう。そうなるとこれまで嵐は来ないと胡坐《あぐら》をかいていた内陸の住民たちも、真剣にハリケーン対策に力を注がないといけなくなる。

〝with 台風〟の時代

こう考えると、ハリケーンを野放しにしてあまりいいことはなさそうである。実はトランプ前大統領のみならず、台風研究の世界的権威であった故・藤原咲平氏ですら、原子力、つまり核の力で台風の進路を変えられるかもしれないと、一九四〇年代に論文[*27]で発表している。とはいえ、しばらくのところ核で台風を攻撃することは倫理的に許されそうにない。

いま、平和主義的な科学者たちが、あの手この手でハリケーンへの対抗策を練っている。再びアメリカ海洋大気庁のホームページの「よくある質問」コーナーをのぞいてみると、「ハリケーンをストップさせるために、どんな方法が考えられているの？」という質問への回答に、こうあった。

「海水温を下げるために、海上に人工雲を作る」「海中に泡のカーテンを作って水面を白くし、太陽光を反射させる」「海底にパイプを沈め、冷たい海水を水面に汲み上げる」「南極から海氷を船で引っ張ってくる」、はたまた「ハリケーンへのエネルギー補給を絶つために、海面にフィルムを張る」とある。手を替え品を替え、夢のようなアイディアが列挙されたあとに、「今の段階においては、いずれの案も現実味が乏しい」とあって、「台風と共に生きる選択をして、備えをきちんとしよう」と締めくくられている。人間の小ささを自覚し、戦うのではなく、自衛措置を講じなさいということだろう。〝with コロナ〟の世だけに、その言葉がやけに重みをもって響いてくる。

＊27 「Preliminary Report on the Possibility of Steering Typhoon by Using Atomic Energy」中央気象台欧文《ちゅうおうきしょうだいおうぶん》彙報《いほう》、一九四七年、藤原咲平ほか

海洋

海においても、温暖化による影響は凄まじい。海面上昇、海岸浸食にとどまらず、酸性化や騒音問題、オシドリ夫婦の離婚危機まで引き起こし、海洋生物の墓場と言われる「デッドゾーン」も急拡大している。一体、どういうことなのだろう。

温暖化による熱を九割も吸収する海

お風呂玩具でおなじみの黄色いアヒルの子供たちが、世界の海をほうぼう回遊して、人々を驚かせたことがある。一九九二年、香港を出発した貨物船が、シアトル方面に向かう途中に嵐に遭い、落ちたコンテナから約三万羽のおもちゃのアヒルが飛び出した。アヒルは鳴きもせず、ただ海流に身をゆだねてどんぶらこ、どんぶらこと旅を続けた。そうしてあるものはアラスカに、またあるものは日本、オーストラリア、南米へとたどり着いた。

アヒルには気ままな旅だったが、海洋学者には海流の動きを知る格好の研究材料だったので、一つあたり一〇〇ドルの懸賞金をかけて、その居所をくまなく探し回った。すると

〝遭難〟から一五年後、北極海を隔てた向こう側のカナダ東岸やイギリスなどから、目撃情報が相次いだ。ウソのような本当の話である。

　広大な海には、海流がまるで血管のように張り巡らされ、ゴムのアヒルや魚を乗せて移動している。大気が気温のアンバランスを解消しようと動き回るように、海水が循環する理由の一つも海水温や塩分濃度の不均衡で、そのアンバランスな加減を解消しようと、熱帯と極地、海面と深海というように南北上下に循環しているのである。ところが人間が海を暖めたことで、そのバランスに変化が生じている。

　実は、温暖化によって蓄積された熱のうち九割が海に閉じ込められているといわれている。なぜ海はそんなに多くの熱を吸収するのだろうか。それはまず、海が広いためである。海の面積は地球全体の七割を占めるから、その分多くの熱を吸収することになる。次に、海は空気や大地よりもはるかに熱を蓄えやすいという性質にある。これを〝熱容量が大きい〟というのだが、今風にいえば、〝キャパが大きい〟と同義である。キャパが大きな上司は、出来の悪い部下のミスにも顔色一つ変えず寛容なように、海はたくさんの熱が入りこんできても、温度をあまり上げることなく平然としている。「海のように広い心」などというが、まさにその通りである。また熱容量が大きいということは、冷めにくいということでもあるから、もし人間が温室効果ガスの排出量をゼロにできたとしても、海はこれまでに貯め込んだ熱のせいで、しばらく暖まり続けることになる。

二三人の世界の科学者が共同で研究を行った結果、二〇二一年の世界の海水温は一九五五年の観測開始以降もっとも高かったことが判明した。これで、三年連続して最高記録を塗り替えていることになる。世界中の海の、水面から水深二キロまでの層で、二〇二一年はその前年よりも一四ゼタジュール多くエネルギーを吸収していたそうである。一四ゼタジュールとは、一四、〇〇〇、〇〇〇、〇〇〇、〇〇〇、〇〇〇、〇〇〇、〇〇〇ジュール、〇がぎょうさん。目がくらくらするのも当然、これは広島に落とされた原爆七個分が三六五日毎秒爆発したのと同じくらい、もしくは四四〇〇億個のトースターを一年間、二四時間毎日使い続けたのと同じエネルギー量だと、研究者の一人ジョン・アブラハム氏が計算している[*28]。

それでは、温暖化する海でいま起きている異変を見ていこう。

「混ざらない海」が嵐を生む

陸上生活者のわれわれが作り出した余剰のエネルギーは、大気を伝わって、まず海の表面に到達する。そうしてじんわり下層に広がっていくから、水温がもっとも上がっているのは海面近くである。会社の収益が上がった時、利益をさらっていくのはおおむね上層部だが、上司の懐だけ温まっていくと、まもなく社内で不協和音が生じる。同じように、海のバランスも崩れ始める。

暖かくなった海水は膨張し、密度が小さくなる。一方で深層の温度の上がり方は小さいから、海の上下で密度の差が大きくなる。そのうえ極域の海では、暖まった海水が氷を溶かすから、上層の海水の塩分濃度が下がって、これまた密度が小さくなり、上下で密度差が生じる。密度の差は重さの差でもあるから、つまり上層は軽くなり、下層は相対的に重くなる。このため上下混ざりにくくなって、層がくっきり分かれるようになるのである。サラダドレッシングのように、海の中で「成層化」が起きるのである。近年、この成層化が進んでいることが、中国科学院などの研究で分かっている。

ドレッシングなら振れば層を均一にならすことができるが、海はそうはいかない。だから、面倒な問題が生じることになる。それは、台風などの嵐が凶暴化していくことである。台風は海の上を移動するとき、海水を上下にぐるぐるかき混ぜるから、上昇した下層の冷水が海面の水温を下げてくれる効果がある。ところが〝海のドレッシング化〟が進むと、海はなかなかかき混ぜられなくなって、海面の水温は高いままで、次の台風を発生させる原動力となってしまうのである。

ＳＦ映画注目の海の異変

海流にも異変が起こるかもしれない。とりわけ話題になっているのが、「大西洋南北熱塩循環」、英語の頭文字をとって「ＡＭＯＣ」と呼ばれるものである。二〇〇四年に公開されたハリウッド映画『デイ・アフター・トゥモロー』は、このＡＭＯＣが一夜にして停止したことで、ニューヨークをマイナス一〇〇℃の寒気が襲ったところから始まる。そうして主要キャスト以外の登場人物や自由の女神も瞬時に凍りついた。映画評論家は「素晴らしくも、おかしなサイエンス映画」と、褒めちぎるでも、けなしまくるでもない評価を下したが、本当にＡＭＯＣの循環が滞ると天候が変わってしまうというのだろうか。

そもそもＡＭＯＣとは何だろう。簡単にいうと、水温と塩分濃度の差が原動力となって大西洋を南北、上下に巡る海水の循環である。

メカニズムはこうだ。まず、赤道付近の海では、強い日差しによって水面が蒸発し、塩分濃度が高くなる。こうして暖かく塩味の効いた水ができあがる。これが風に吹かれて北

図７　世界の熱塩循環のメカニズム

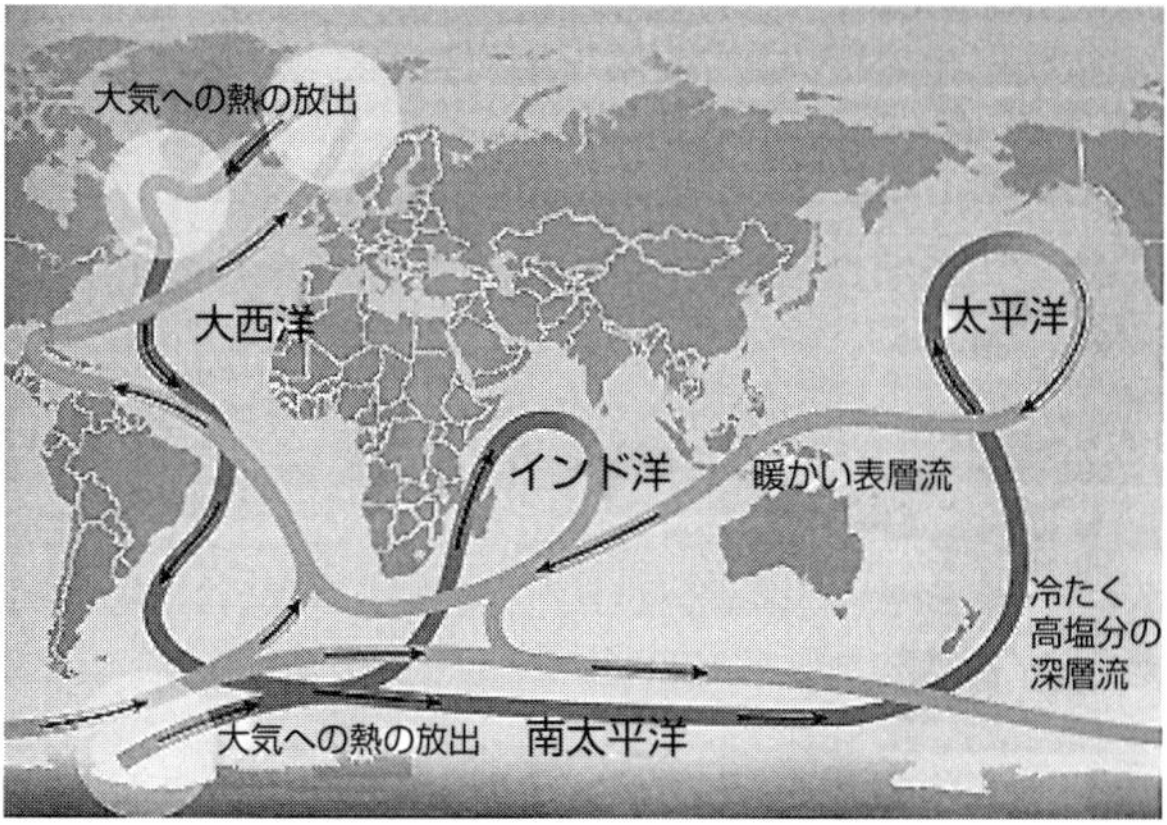

水温と塩分濃度の差が原動力となって、大西洋を南北に、さらに海水の表層と深層が上下に入り混じる海水の循環。この循環が滞ると天候が変わるとされる。（気象庁 HP より）

に運ばれ、次第に冷たくなる。冷たい水は重いので、グリーンランド付近で沈み込む。そして今度は海底を南に進み、その後地球を巡るのである。大西洋岸のヨーロッパや北米大陸の東海岸が緯度のわりに暖かいのは、この循環で暖水がそばを通るおかげである。意外だが、パリはモンゴルのウランバートルよりも北に位置している。

しかし温暖化によって、ＡＭＯＣが弱まってしまう可能性があるという。というのも、グリーンランド氷床が溶けると海水面の塩分濃度が下がって軽くなるから、そこで水が沈み込みにくくなるのである。すると循環が滞り、南からの暖水の補給も減り、大西洋沿岸が寒冷化していくという。この説に異を唱える学者もいるが、デンマークのコペンハーゲン大学の研究者などは「氷の溶けるペースが速まると、ＡＭＯＣが崩壊する恐れがある」とまで言っている。

となると、脳裏をよぎるのは『デイ・アフター・トゥモロー』のシナリオである。本当に、寒さで人が凍りついてしまったりするのだろうか。親切なアメリカの国立雪氷データセンターは、「デイ・アフター・トゥモローのＱ＆Ａ」なるホームページを作り、公的な見解をこのように披露している。

質問：映画では、対流圏の上層から超極寒の寒気が降りてきて人々が凍りついていましたが、そんなことって本当にあるのですか？

回答：いいえ、そもそも対流圏の上層の空気は冷たくたってマイナス八〇℃程度ですし、それが地上に降りてくると空気は圧縮されて一キロ下がるごとに六～一〇℃くらい温度が上がります。

質問：で、この映画は現実的ですか？

回答：いいえ、まったく。

禿げるビーチ

次は海面上昇に注目したい。これまで氷河が溶けたり、海水が膨張したりすることで海面が上昇していることに触れてきた。海抜の低い島国では、その影響がもろに現れていて、インドネシアの首都ジャカルタの北部は、ここ一〇年ほどで二・五メートルも沈んでおり、そのペースは世界の港湾都市の倍だそうだ。海面上昇に加え、地下水のくみ上げすぎによる地盤沈下が事態を悪化させており、二〇五〇年には完全に水没する恐れもある。そんな事情もあって、カリマンタン島「ヌサンタラ」に首都が移転することになっている。

一方ハワイでも、このところおかしな事態が頻発している。

二〇一七年四月、ホノルルに、しごく迷惑な洪水が発生した。空は青く太陽はぎらぎら輝いていたが、道路や地下駐車場が冠水、汚水が海に流れこんでビーチが閉鎖され、砂浜の打ち上げ台も水に浸かって恒例の花火イベントも中止となった。なぜ晴れていたのに洪水が起きたのだろう。

その理由は、大潮の中でも特大級の「キングタイド」と呼ばれる現象である。

キングタイドは正式名称ではないが、潮位がとりわけ高くなる時には、しばしばメディアを騒がす言葉である。キングタイドを直訳すると、〝大潮の王様〟で、地球と月と太陽が一直線に並び、さらに月が地球に最接近するときに起こる。月は楕円形を描きながら地球の周りを回っているから、常に同じ距離を保って公転しているわけではないのである。こうしたタイミングは年に数回あるのだが、二〇一七年にハワイで起きたキングタイドは一一二年続く観測の歴史の中で、もっとも大きかった。

なぜ特大サイズだったかといえば、天体の並び方のほかに、まずい条件が重なってしまったからに他ならない。南半球に発生していた強い低気圧からハワイにうねりが届き、そのうえに近年の海面上昇の影響が加わった。ハワイ州のホームページによれば、ハワイ島ヒロの海面は一九五〇年と比べ二五センチ上昇、近年はさらに上昇のペースが速まって四年間で二・五センチという。近年、潮位の変化が原因で起きた洪水は急増しているが、中でも二〇一七年はホノルルで計三七日間も洪水が発生し、観測史上最多を記録するほどの年となった。年平均は四日程度である。

こうした大潮が引き起こす洪水は、「晴天洪水（sunny day flooding）」とか「迷惑な洪水（nuisance flooding）」などと呼ばれている。ホノルルではこの洪水が今後も増える見込みで、二〇年後には一年で約二〇〇日に急増するという[*29]。そうなると、一体どうなるか。

まず、海岸の浸食がひどくなる。ただでさえハワイの海岸線はすでに二〇キロも消滅し、全体の七割が消滅の危機にあるとすら言われている。もしハワイのビーチに行ったら、あたりをきょろきょろ見渡してほしい。そうすると、ところどころ砂が減ってビーチが禿げかけている所に気が付くはずである。夢を壊すようだが、ハワイのビーチはほぼ一〇〇%人間が作ったものであり、その白砂は外から運んできて、かぶせたものなのである。中にはカリフォルニアやオーストラリアなどから購入したものもある。しかしせっかく運んできたのに、近年は海面上昇と強い嵐がもたらした荒波などが原因で、砂が海岸から流されて、まさに海の藻屑《もくず》となっているという。今世紀末には、ハワイの海面は一メートル近く上がってしまうとも見積もられているから、砂浜どころか、ワイキキビーチも完全に消滅してしまうかもしれないと悲観的なことを言う研究者もいる。

ブラウンウォーター注意報

それに、これからは頻繁に海に入れなくなるかもしれない。というのも洪水や大雨が多発すれば、排水能力の限界を超えて、糞尿、動物の死骸、病原菌や農薬などが処理されないまま海に流れこむ恐れが高まるからである。そういったリスクがあるときは、当局は「ブラウンウォーター注意報」なる呼びかけを行って、人々に海に入らないよう注意喚起をしている。これが出されたらビーチが閉鎖されることがあり、そうなると二、三日は海に入れなくなって、せっかく海水浴を目当てにハワイに来た旅行者はただ落ち込むしかない。

海の色が変わる

ハワイでは水が茶色く濁る日が増えそうだが、世界の五〇％の海洋は、今世紀末までに色が変化するという論文が発表されている。[*30] どういうことだろうか。

海洋の色は、太陽の光が海中の何に当たるかによって変わってくる。もし海中に何もなくて水分子に当たるのなら、ほとんどの色の光は吸収されるが、青色だけが反射される。だから、澄んだ海は深い青に見える。一方で植物プランクトンは青い色の光を吸収し、緑色の光を反射させる。そんなわけで、植物プランクトンが多い海は緑色に見えるのである。こんな風にして植物プランクトンが増えれば海がより緑色に見える一方で、植物プランクトンが減れば青色に染まっていくのだという。

そこで、米マサチューセッツ工科大学のステファニー・ドゥトキエヴィチ氏らが、海水温の上昇とともに植物プランクトンの数がどう変化していくかのシミュレーションを行った。すると元から暖かな海がさらに暖まると植物プランクトンが減る反面、高緯度の海は程よく暖まって、植物プランクトンの数が増えていくだろうと突き止めた。つまり低緯度の海はプランクトンが減って今より青く、反対に極地方の海は今より緑色になっていくと予想されるという。そうして二一〇〇年までには、世界の半分以上の海域の色が変わるそうである。この変化は、肉眼ではっきりとは分からないらしいが、それにしても海の中の状態は変化を続けている。

四倍に広がったデッドゾーン

変化の中でとりわけ恐ろしいのが、海洋生物の〝墓場〟の出現である。近年、アメリカ東岸などに、「デッドゾーン」と呼ばれる、魚が次々と死んでいくエリアが現れるようになった。このデッドゾーンとは何だろうか。

それは、栄養が多すぎて、逆に無酸素状態になってしまった海域である。自然現象でも起こることがあるが、一九七〇年代頃からは人間の排出した汚染物資が事態を悪化させて

図８　デッドゾーン

海洋生物の〝墓場〟と言われるデッドゾーン。日本でも三河湾などに複数存在するとされる。(NASA Earth Observatory より)

いるといわれている。

　その汚染物質とは、先進国では主に、肥料に含まれる窒素とリンや動物の糞尿が、途上国では主に人間の排泄物や未処理の排水などで、それらが川を伝って河口に流れ着くと、沿岸に栄養たっぷりの淡水があふれ、それが藻をぼうぼう大量繁殖させる。その藻が死んでバクテリアによって分解されるときに、海の中の酸素が大量に使われ、結果的に極端に酸素の少ないエリアができあがる。そうして海洋生物が窒息して死んでしまうというわけである。日本では、プランクトンが異常発生し海水が赤く染まる「赤潮」や、その周辺に広がる「貧酸素水塊《すいかい》」、さらに酸素の欠乏によって生き物たちの大量死を招く「青潮」といった名称で知られているが、デッドゾーンはいわばその総称で、海の中の酸素が不足し、生き物たちが住めなくなってしまった場所を指す。

スミソニアン環境研究センターによれば、世界のデッドゾーンの大きさは半世紀で四倍に膨れ上がっているという。

世界最大のデッドゾーンはアラビア半島にあるオマーンとイランの間に位置するオマーン湾であり、面積にして北海道二個分である。次に大きいのがアメリカの南のメキシコ湾岸沖で、その面積はオマーン湾の七分の一である。日本の沿岸でも、たとえば三河湾などには複数のデッドゾーンが存在しているといわれている。人間が垂れ流した汚染水が海洋生物を窒息させているのに、我々はそのことにほとんど気が付いていないのである。

薄暗くなった地球

色が変わっていたのは海だけではない。米ニュージャージー工科大学のフィリップ・グード氏らは、ここ数年で地球が一気に暗くなっていることを突き止めた[*31]。明るさの変化はどうやって調べたのだろうか。

彼らは、「地球照」と呼ばれる、月の欠けた部分に地球が反射した太陽光の一部が当たり、うっすら明るく見える現象に着目したのである。このうっすら明るい部分を、一九九八年から二〇一七年までの一五〇〇夜ぶんを地道に観測して比べてみたら、二〇年で地球の反射率が〇・五％減っていることを発見した。しかもその変化のほとんどは、最後の三年間に起きたものだったという。

　では地球を薄暗くした犯人は何だったのか。その原因は雲の減少にあった。問題の三年間は、東部太平洋の海水温が「太平洋十年規模振動」と呼ばれる周期的な変動によって高かったために海上に広がる低層雲が少なかった。低層の雲は上空の雲よりも分厚く、太陽光をより反射させる性質を持つが、その雲が少なかったから、太陽光が反射されずにやってきて、それを海が吸収してしまったのである。つまり地球は余計に熱をため込んで暖まってしまった。

　この発見は、人々がわずかに抱いていた温暖化に対する一縷《いちる》の期待を裏切るものであった。どういうことかと言えば、今まで、温暖化が進めば自然に温暖化のメカニズム自体が、温暖化を食い止めるよう働くと考えられてきたからである。つまり地球が暖まると空気中の水蒸気量が増えて雲が増加、だから太陽光が反射されやすくなって、多少地球の温度が下がるかもしれないという説があった。これを「地球薄暮化」という。しかしこの研究から、海水温が高くなると逆に海上の低層雲が減って、それによって太陽光が海に吸収されて気温が上がるかもしれないことが判明してしまった。おいしい話だっただけに、残念なことである。

産業革命前と比べ三割も酸性化

先に、海は地球の熱の九割を吸収すると述べたが、同じように海は大量の二酸化炭素も吸収してくれている。その量たるや、人間が化石燃料を燃やして排出した二酸化炭素の約三割にも及ぶ。海に飲み込まれた二酸化炭素は、海洋生物が光合成をして酸素を作り出すときの重要な要素の一つではあるのだが、反面、ある厄介な化学反応を引き起こす。

まず二酸化炭素（CO_2）が海の中で水（H_2O）と反応すると、炭酸（H_2CO_3）が作られる。炭酸は水の中では、水素イオン（H^+）と炭酸水素イオン（HCO^{3-}）に分かれる。つまり、海中に二酸化炭素が増えれば増えるほど、水素イオンも増えていくことになる。

この水素イオンは多ければ多いほど、酸性に偏っていく。だから酸性度を表すスケール

「pH」は、potential of hydrogen、つまり潜在的水素量なのである。英語ではピーエイチと読むが、日本語ではペーハーと呼ぶのは、ドイツ語読みだからである。
酸性からアルカリ性まで〇から一四の目盛りがあって、七が中性、それ未満は酸性、それ以上がアルカリ性であることを示す。pHの数字が低いほど、酸性度が高いことを意味している。産業革命前までの海洋のpHは八・二だったが現在では八・一へと、〇・一下がったと言われている。[*32] pHだけみればわずか〇・一の小さな差に見えるが、pHが一違うと濃度は一〇倍の差があり、二違うと一〇〇倍の差があるから、〇・一の差というのは三割増となる。[*33] これは過去五五〇〇万年の間に起きた酸性度の変化よりも、約一〇〇倍も速いスピードだという。

炭酸水を飲みすぎると歯が溶けると聞いたことはないだろうか。炭酸水は水に二酸化炭素が加わったものだから、水素イオンが漂っている酸性の飲みものである。一般に口の中の酸性度がpH五・五を下回ると、人体でもっとも固いといわれている歯のエナメル質すらも溶けやすくなるというが、たいていの炭酸水はそれより酸性度が高い。ちょっと飲む分にはいいが、だらだらずっと飲み続けたり、床に就く前に飲んで歯を磨かないと、歯が溶けやすくなったりするそうである。注意しよう。

海は炭酸水ほど酸性ではないけれど、さすがにずっと水の中にいる海洋生物は不調を訴えだしている。たとえば海の妖精クリオネが唯一口にする「ミジンウキマイマイ」という小さな巻貝は羽の生えたカタツムリのような形をしているかわいい生き物だが、炭酸カルシウムから成るカラが著しくスカスカになっているという。今後も海が酸性化していけば、この愛くるしい生物も生きていけなくなって、結果、クリオネもお腹を空かせ、絶滅に追い込まれかねないのだそうだ。やはり、偏食持ちは生存に不利ということだろう。

同じように食事の九割がササのパンダも、温暖化でササの生育場所に変化が起き、居住地が狭まってしまうのではないかと心配されている。そう考えれば、おそらく地球上でもっとも雑食家である人間が万物の霊長でいられるのも、食べ物に対する恐ろしいまでのこだわりのなさが関係しているといえるかもしれない。ミジンウキマイマイのほかにも、海の酸性化はサンゴの石灰化を抑制してダメージを与えていることが分かっていて、そこに住む生物が住処を失ったり、台風などの嵐による波の衝撃から沿岸地域を守る効果が減ったりして、災害がひどくなる可能性も出てくるという。

このように二酸化炭素が水に溶け込んで、海水のpHが下がってきたという話をしてきたが、海水温が上昇すれば、二酸化炭素は海に吸収されにくくなる。それは二酸化炭素が冷たい水ほど溶けこみやすいという性質を持っているからである。だから工場で炭酸水を作るときは、キンキンに冷えた水を使うのだそうだ。

この話は、魚たちには朗報だが、よく考えてみると、二酸化炭素が海に吸収されなくなる分、代わりに大気中にとどまるようになってしまう。つまり陸上の温暖化が進んでしまうことになる。なんだか海と陸は、いらないものをお互いに押し付け合っているようである。しかしどちらも受け取らないという選択肢はないから、結局地球全体としては暖まってしまうのである。

オシドリカップルの離婚危機

海の温暖化は、押しも押されもせぬオシドリカップルを離婚の危機に陥れている、そんな論文が発表された。[*34] その夫婦とは、オシドリではなくアホウドリである。その五〇年の寿命のうち離婚するものはほとんどなく、生物界で一位、二位を争う夫婦仲の良さで知られている。だから古今東西、浮気話の絶えない人間たちは、このアホウドリを羨望のまなざしで見つめ、理想的な夫婦の象徴とした。しかし、忍び寄る温暖化の波は、この強固な男女の仲をも引き裂こうとしているという。

ニュージーランドの王立協会が、南半球のフォークランドに生息する一万五五〇〇組のアホウドリカップルを二〇〇四年から二〇一九年にわたって追っかけ調査した。すると本来なら離婚率は四%弱にもかかわらず、その期間はもっとも低かった年には〇・八%、反対にもっとも高かった年は七・七%に及んでいたことが分かった。この調査には死別は含まれていないそうだから、純粋に夫婦のどちらかが相手を取り替えた数を反映している。では、何が離婚率を左右したのだろうか。実は、離婚率が最低だった年は海水温が異様に低く、逆に離婚率が最高だった年には海水温が高かったことが判明した。そこで研究者はこう結論付けている。

海水温が上がりすぎると、エサがなかなか取れずに夫の帰りが遅くなる。そのうえ、お腹を空かせたり、栄養不足となってヒナが死んでしまったりして、メスは機嫌を損ねる。そんなこんなでメスはそのストレスの根源はエサを十分に持ってこない夫のせいだと思い込んで愛想をつかし、離婚を突き付けてしまうのだという。可哀そうな夫は、その原因が温暖化にあることも釈明できず、泣く泣く離婚届に判を押す。幸いなことに人間界においては、温暖化がもとで離婚率が上がったという直接的なデータはないが、気候の変化で食糧不足や水不足になって資源をめぐり人々が対立し、それが紛争の火種となっているというデータはある。

温暖化は夫婦間を越えた人類同士のいがみ合いを引き起こす、そんな危険をもはらんでいる。

海を騒がしくする生き物

最後に、海水温の上昇が引き起こしている、海の騒音問題を紹介しよう。

海の生き物の中でもっとも声が大きいのはクジラだが、その次にうるさいのが、意外にもエビである。体長わずか五センチほど、右と左で違う形のハサミを持つバルタン星人のような形の「テッポウエビ」と呼ばれる種類で、暖かな海に生息している。うるさい原因は、このユニークなハサミをガチャンと高速で閉じるときに出す破裂音である。その音量は、ヒトの耳に聞こえる音量に換算して、二一〇デシベルの大音量だという。頑固おやじが怒鳴っても九〇デシベル、世界一大音量のロックバンドがコンサートで演奏しても一三〇デシベルというから、このエビは信じられないうるささである。しかもその音は様々な周波数帯を含むから、不協和音で音自体もたまらなく不快らしい。テッポウエビがこの大音量を発したら、敵はたちまち気を失うか、あの世行きとなる。

そんな小柄にして危険なエビだが、どうやら海水温が高くなると、ハサミを鳴らす回数が増え、発する音も大きくなるという。ウッズホール海洋研究所のアラン・ムーニー氏らが発表した研究[*35]によれば、海水温が上がると、エビが活発になって自慢のハサミをガチガチガチガチ鳴らすようになるという。例えば一〇℃から三〇℃になった時には、音量が二〇デシベル大きくなり、鳴らす回数も一〇倍に増えたらしい。温かいお風呂に浸かると大声で歌い出す、我々人間の心境と同じなのだろうか。

うるさい輩《やから》がさらにうるさくなると、どんな迷惑が生まれるのだろうか。まず、他の海洋生物が出す音をかき消してしまうために、生物同士のコミュニケーションが妨げられることになる。イメージとしては、恋人同士が踏切を挟んで会話をするときに、電車が通って、声がかき消される感じだろう。ドラマでは、たいていその時に大事なことを言っている。次に、魚群探知機や軍の機雷探知用の機械に異常を起こして、漁業や国防などに影響が及ぶ恐れがあるという。しかしこれを逆手にとって、テッポウエビの軍隊を組織して、戦況を有利に運ぼうとする国も現れるかもしれない。実は第二次大戦中、米軍がソナー（音波で物体を探知する装置）で海中をスキャン中にテッポウエビが出す不協和音に妨害されたという記録も残っている。

ウソのような本当の話が、海の中にはたくさん転がっている。

＊28　「Another Record: Ocean Warming Continues through 2021 despite La Niña Conditions」 Adv Atmos Sci, Mar 2022, Lijing Cheng, John Abraham ほか
＊29　「RISING SEA LEVEL」 ハワイ州政府 Climate Change Portal より
＊30　「Study: Much of the surface ocean will shift in color by end of 21st century」 MIT News, 4 Feb 2019
＊31　「Earth's Albedo 1998–2017 as Measured From Earthshine」 AGU, 29, Aug 2021 P. R. Goode ほか
＊32　「Ocean acidification」 European Environment Agency より
＊33　「Ocean Acidification」 Smithsonian Ocean より
＊34　「Hard times tear coupled seabirds apart」 nature, 24 Nov 2021
＊35　「ME51A-08 - Hot loud ocean: temperature drives acoustic output by a dominant biological sound-producer」 OCEAN SCIENCES MEETING, 21 Feb 2020

温暖化から始まるストーリー

温暖化によって影響を受けるのは、万物の霊長である人間も同じである。では一体、気候の変化はどのようにヒトを変えるというのだろうか。

天気が引き金になって、思わぬ話へと展開することがある。

たとえば「風が吹けば、桶屋が儲《もう》かる」ということわざがある。大風が吹いて、砂が巻き上がり、人の目に入って、目の悪い人が増える。すると三味線弾きが増えて、三味線が売れる。三味線の胴の部分に皮が使われる猫が捕まり、ネズミが増えて、桶をかじられ、桶屋が儲かる。単純な出来事が連なれば、どうにも複雑に見えてくる。

一九七八年のアメリカでは、次のような格言が新たに誕生しそうな珍事が起きた。「大雪積もれば、助産師が秋の休暇を申し出る」。

その年の二月、アメリカ北東部を空前絶後の暴風雪が襲った。「ノーイースター」と呼ばれる急速に発達した低気圧の出現で、ハリケーン並みの暴風を伴った大雪となり、たとえばボストンでは観測史上最大となる七〇センチの雪が降るなどした。死者は一〇〇人以上、けが人は四五〇〇人にも及んだ。このとき大規模な停電が発生し、人々は凍える寒さの中で、暖房も明かりもない不自由な生活を強いられた。

それから一年も経たないうちに、産科は大わらわとなった。一一月中旬に突如ベビーブームがやってきて、医師も助産師も寝る暇もないほど大忙しとなったのである。日をさかのぼってみると、あの大停電からちょうどトツキトオカ。つまり停電と大雪で外に出られないステイホーム中の男女が、みな同じ方法で暖を取っていたということである。この時生まれた赤ん坊は「ブリザード・ベイビー」というあだ名がついた。分娩のピークは一一月末には去ったが、事前にそれを見越していた助産師たちは、前もって秋に休みを申請していたという話である。

このように、とある天気が社会や個人の心理を変化させ、思わぬ話に発展することがある。では、温暖化も思いがけない事態を引き起こすだろうか。

一、怠け者が増える

どうも南国の人たちは、のんびり屋だとか怠け者だとか、色眼鏡で見られることが少なくない。童謡「南の島のハメハメハ大王」はその最たるもので、ハワイのカメハメハ大王の友人と設定されているハメハメハ大王は、その歌詞の中でこう歌われている。ロマンチックな王様で、日没前に寝てしまう優しい奥さんを持ち、子供は学校嫌いで、風が吹いたら遅刻して、雨が降ったらお休みする。

本当に南国の住民は、こんな感じなのだろうか。

米プリンストン大学のマリー・コノリー氏が、天気で労働時間がどう変わるかを調べてみたら、晴れの日は雨の日よりも三〇分ほど仕事時間が短かったことが判明した。[*36] おそらく、晴れの日は心が躍り、仕事どころではないからだろう。さらにハーバード大学などが、世界有数の真面目さを誇る日本の銀行員の仕事ぶりを徹底調査した時も、雨天の方が仕事の生産性が上がっていたという結果が出た。[*37]

では気温との関係はどうだろう。ヘルシンキ工科大学の研究によると、気温が二二℃を超えると労働の効率が急に下がった[*38]というし、エール大学のエルズワース・ハンチントン教授によれば、数学や英語などの知力のスコアは、室温が五℃の時に最高となって、暖房を強めると下がる。二一℃になるとどんなに努力しても、さっぱり頭に入らなくなるという。[*39] つまるところ冷蔵庫並みの寒さの時に頭がよく回転するようだから、南国で真面目に働いたり、勉学に励んだりする人の苦労は計り知れない。だから温暖化も労働の生産性を落とすだろうと考えられている。人間も万物の霊長と威張ってみても、所詮《しょせん》は生物のはしくれに過ぎないから、どうあがいても気候環境に左右されてしまう運命にあるということだろう。

こんな風に、暑いと怠け者になるそうだが、国連の国際労働機関（ＩＬＯ）が二〇一九年に将来への不安を感じさせる試算を発表した。[*40] なんでも今世紀末までに世界気温が一・五℃上昇するシナリオの場合、二〇三〇年の時点で世界のすべての労働時間の二・二％が失われ、それは八〇〇〇万人分のフルタイムの労働に相当するという。額にすると二・四兆ドルだが、これでも控えめな計算なのだそうだ。ちなみに日本では、暑さで約一三万人分の雇用に相当する労働時間が減るだろうと計算されている。

こうした影響はまんべんなく一様に出るのではなく、産業や地域ごとに格差が広がっていく。もっとも犠牲を払うだろうといわれる業種が、外で働く農業と建設業で、失われる全労働時間のそれぞれ六割、二割を占める。地域別でみると、南アジアや西アフリカなど、すでに暑い地域がもっとも影響を受けるだろうという。こうした地域は、概して所得水準が低く人口が増えていく傾向にあるから、貧困が益々深刻化していくかもしれない。悲しいかな、温暖化は格差をより広げていく危険もはらんでいる。

二、怒りっぽくなる

このところ「アンガー・マネージメント」という言葉が盛んに言われるようになった。怒りに任せて、ちゃぶ台をひっくり返す時代は終わったから、感情を自分でコントロールして、怒りを抑える努力をしないといけない。

とはいえ、どうするのか。意外なのだが、怒りのピークが続くのは、たった六秒なのだそうだ。だからこの六秒間をなんとかやり過ごすことがコツらしいが、これからはこの〝瞬間の辛抱〟が、ますます試される時代になっていく。というのも、温暖化は人を怒りっぽくさせてしまうからである。

気温と攻撃性について、プロ野球選手を観察した研究がある。野球は運動の中でもとりわけ平和的なスポーツだが、デッドボールがきっかけで乱闘騒ぎになることがある。ボールを当てられカチンときたバッターが、ピッチャーの胸ぐらをつかみ、パンチをくらわすのを見ると、何となく投手が気の毒に見えてくる。しかし、そのデッドボールは故意なのか過失なのかによって見え方は変わるだろう。

米デューク大学のリチャード・ラリック氏が、メジャーリーグの約六万試合分のデータをかき集め、チームメイトが死球を受けた試合ではピッチャーがどのくらい相手チームの打者にデッドボールを投げ返すかを、気温との関係で調べてみた[*41]。気の遠くなるような調べものである。

すると気温が一〇℃台前半のときは、全体の二二％にあたるデッドボールはチームメイトがボールを当てられた後に起こっていた。つまり復讐が原因だったのに対し、気温が三五℃のときには、二七％に跳ね上がっていた。つまり真夏日以上の暑さではピッチャーは攻撃的になって、仲間へのデッドボールに憤慨して報復に走るのであろう。そうなってくると、乱闘騒ぎになって一番可哀そうなのは、胸ぐらをつかまれた投手ではなく、罪もないのにボールを当てられ痛い思いをしたバッターということになるかもしれない。

そもそも人は暑いとキレやすくなることが証明されている。蒸し暑さで有名なミシシッピ州の、冷房のない更生施設を六年間にわたって観察し続けた研究[*42]では、気温が二六・七℃を超えると暴力の件数が急激に増加していた。さらに全米経済研究所が行ったロサンゼルスの調査[*43]では、最高気温が二九・四℃以上の時はそれより涼しいときと比べて、犯罪全般が二・二％、暴力犯罪に至っては五・七％も多くなっていたそうである。そして特に所得の低い人たちが住むエリアで顕著な変化が見られたという。

余談だが、古代ローマ皇帝のアウグストゥスは教師から、「怒りを感じたら、行動する前にアルファベットを唱えなさい」とアドバイスされたそうである。この高名な教師がアテノドルス・カナニテス、アンガー・マネージメントの祖の一人である。

三、悪夢にうなされる

寝不足が続くと、キレやすくなるというが、日本人の睡眠時間は、世界でも指折りの短さである。中国のゼップヘルスコーポレーションという会社が行った調査によると、二〇二一年の日本人の平均睡眠時間は六時間四四分と、インドネシアに次ぐ世界二位の短さだったそうだ。逆にもっともよく眠るベルギーの国民と比較すると、睡眠時間は一時間近くも少ないという。睡眠不足は頭の回転も遅くなるうえ、機嫌が悪くなるし、悪夢も見るし、頭痛や吐き気をもよおすこともあって、心にも体にもいいことはない。

それなのに、温暖化が睡眠時間をさらに短くさせてしまうかもしれないという論文が発表された。二〇一五年、米サンディエゴが熱波に見舞われたとき、エアコンの効かない寝室で眠れぬ夜を過ごしていた学生のニック・オブラドビッチ氏はふと閃《ひらめ》いた。「温暖化は人をどれほど寝不足にさせるのだろう」。

彼はそれから、夜間の気温とアメリカ疾病予防管理センターが集めた一〇年にわたる七七万人分の睡眠データとを照らし合わせ分析を行った[*44]。すると、夜の気温が一℃上がると、睡眠不足の日が一〇〇人当たり一か月に三日増加していたことが分かった。とくに高齢者や、エアコンを持てない年収五万ドル以下の貧困層で影響が大きかったという。

そうして、このまま気温が上がっていくと、二〇五〇年には眠れぬ夜がさらにひと月に六夜、二〇九九年には一四夜も増えてしまうという予想に行きついた。

そうなるとアメリカ人全体では、数億夜も睡眠が短くなる。近頃の日本では「熱帯夜」という言葉では事足りず、「スーパー熱帯夜」なる言葉も飛び出しているが、目の下にクマを作り、世界一不機嫌な国民とならないためにも、日頃からたくさん眠るよう心がけようではないか。

四、花粉症がつらくなる

日本人の、実に四二・五%が花粉症だというデータがある。これは毎日二〜三杯コーヒーを飲む日本人の割合とほぼ同じで、全国でもっとも患者数の多いアレルギー疾患である。

国民のおよそ半数が、開きっぱなしの蛇口のごとく垂れ続ける鼻水や目玉ごと洗いたいと思わせるほどの執拗な痒《かゆ》みに襲われる。

電機メーカーのパナソニックがそんな花粉症患者の悲痛な声を集計し、そろばんをはじいたら、花粉症による社会人の労働力低下がもたらす国内の経済的損失は一日当たり約二二〇〇億円となったそうである。花粉症シーズンを六〇日とすると、年間の損失額は一三兆円、ＧＤＰのおよそ二％に相当するというから、花粉はたちが悪い。

しかし日本人だけが花粉症に悩んでいるかというと、そうではない。先進国では国民の二割が花粉症を持つという調査もあるし、イギリスに至っては国民の半数近くが花粉症という報告もある。人に攻撃を加えてくる草花は地域ごとに千差万別で、たとえばマンゴーの花粉でくしゃみをする人もいれば、オリーブやメープルの花粉で目をこすり出す人もいる。

そんな花粉症患者が温暖化によって、ますます苦境に立たされるそうである。二〇二二年の研究[*45]では、今世紀末までにアメリカでは花粉シーズンが四〇日早く始まるようになるうえに、最大で一五日遅くまで続き、花粉の飛散量も倍になるかもしれないという悲惨な結果に行き着いた。すでにそのシナリオ通りの展開が始まっており、過去三〇年の間で花粉シーズンが二〇日も延び、量も二割増えていたことも分かっている。

ただ朗報もある。東京大学の研究チームは、花粉症患者はがんによる死亡率が半減することを突き止めた。[*46] 捨てる神あれば、拾う神もある。

五、春生まれが減る

これからの春はくしゃみ、鼻水のにぎわう季節になるようだが、産院はやや静かになるようだ。

二〇一五年、全米経済研究所が発表した調査報告書[*47]では、春生まれの赤ん坊が減っていることが明らかになった。

一九三一年からの八〇年間に生まれた赤ん坊の出生記録と、その子供が生まれるトツキトオカ前の気温を照らし合わせたところ、最高気温が二七℃以上の日が一日増えるごとに、一五～二一℃の時と比べて、九か月後の出生率が〇・四%ずつ減っていることが分かった。小さな変化に聞こえるかもしれないが、アメリカの全人口に照らせば毎月およそ一二〇〇人も減る計算になるという。

原因は、夏の天候変化によって、コウノトリが母体に子供を連れてくるのが難しくなっていることにある。まず極端な高温となることで、精子や卵子の質、男女双方のホルモン量に悪影響を与える。さらに、農作物が不作となって、食糧価格が高騰し、家計が苦しくなって母親が栄養不足となる。そのうえ収入が減ってストレスが増え、カップルが夜の営みを控えるなどの様々な問題を引き起こす。

しかし反対に、夏の出生率は上がる傾向があるそうである。春生まれの子供（夏に受精）が減って、夏生まれ（秋に受精）が増えていた。極端に暑い時期が終わると、生理的にも心理的にも落ち着いて、営みが増えるということなのだろうか。とはいえ、春生まれが減った分を補えるほど、夏に子供が生まれるわけではないというので、暑さが原因で人口が減少する可能性もあるという。

いっそのこと、夏場に大停電でも起きたなら事態は好転するのだろうか。

＊36 「Here Comes the Rain Again: Weather and the Intertemporal Substitution of Leisure」Journal of Labor Economics, Jan 2008, Marie Connolly

＊37 「Here comes the rain again: Weather and the intertemporal substitution of leisure」Harvard Business School Working Paper, Jul 2022, Lee, Jooa Julia ほか

＊38 「Room Temperature and Productivity in Office Work」O. Seppänen ほか

＊39　『天気予報の裏を読む――思わず人に話したくなる56のストーリー』幣洋明著（ダイヤモンド社）より
＊40　「ＩＬＯ新刊―熱ストレスの増加によって予想される生産性低下は８０００万人分の仕事の喪失に相当」ＩＬＯのＨＰより（二〇一九年七月一日）
＊41　「Temper, temperature, and temptation: Heat-related retaliation in Baseball」Psychological Science, Apr 2011, Richard P. Larrick ほか
＊42　「The causal effect of heat on violence: Social implications of unmitigated heat among the incarcerated」NBER, Jul 2021, Antia Mukherjee ほか
＊43　「The Urban Crime and Heat Gradient in High and Low Poverty Areas」NBER, Jun 2019, Kilian Heilmann ほか
＊44　「Nighttime temperature and human sleep loss in a changing climate」Science Advances, 26 May 2017, Nick Obradovich ほか
＊45　「Projected climate-driven changes in pollen emission season length and magnitude over the continental United States」Nature Communications, 15 Mar 2022, Yingxiao Zhang ほか
＊46　「Pollinosis and all-cause mortality among middle-aged and elderly Japanese: a population-based cohort study」Clinical & Experimental Allergy, Aug 2016, 小西祥子ほか
＊47　「Maybe next month? temperature shocks, climate change, and dynamic adjustments in birth rates」NBER, Oct 2015 Alan Barreca ほか

第三章　地球の未来予想図

勃興する気象ビジネス

近年、気候変動に商機を見いだそうと、企業も研究者もさまざまなアプローチを試みている。マイクロソフトの創業者であるビル・ゲイツ氏も、こうした研究・技術の商業化を支援するファンドを立ち上げた。果たして、一世を風靡《ふうび》する覇者は現れるだろうか。

中米コスタリカの森に、オレンジヒキガエルという鮮やかな蛙がいた。その名のごとく、橙色《だいだいいろ》の体が人目をひく国の固有種である。派手だが、その実、ひきこもりで、地上に出てくるのは年に一度、子作りに励むときだけだった。そんなシャイなオレンジヒキガエルは、一九八七年には一五〇〇匹の存在が確認されていた。ところがその次の年にはわずか一〇匹に減り、その翌年には一匹、そしてそのまた次の年にはとうとう〇匹となって、絶滅種に認定された。

なぜいきなり姿を消したのだろうか。多くの科学者が三〇年間ああでもないこうでもないと議論を重ねたのち、どうやら温暖化が関係していることが分かってきた。異論もあるが、人為的な要因で雨が降らず、そのおかげで菌類が増殖したことが命取りになったという。そうしてオレンジヒキガエルは、「温暖化で絶滅した地球最初の犠牲者」と呼ばれるようになった。なんせ両生類は体毛がないうえ皮膚も薄いから、気温や水温の変化に敏感にならざるを得ないのである。

過去一〇〇年の間に、地球上から四〇〇種あまりの脊椎動物が姿を消したという。通常の進化の過程においては、同じことが起きるには最長一万年ほどかかるというから、近年はその一〇〇倍のペースで生物が消え去っていることになる。過去、地球には五回の大量絶滅期があったと考えられているが、もはや今は〝第六絶滅期〟に突入してしまったと唱える学者もいて、彼らは二〇七〇年までに地球上の三分の一の動植物が危機に瀕するだろうと、ぞっとするようなことも言う。その中にはジャイアントパンダやチンパンジー、アジアゾウといったなじみ深い動物も含まれているのだろう。この第六絶滅期が恐ろしいのは、これまでの絶滅期は隕石の衝突や火山の噴火などが原因だったのに対し、「全面的な人間の落ち度」によるということである。

「もし他の惑星に生命体がいたとしたら、たぶん彼らもそこの資源を使いすぎて、同じように気候変動を起こしていることだろう」

そう言ったのは、米ロチェスター大学のアダム・フランク教授である。宇宙物理学者で、宇宙人を探すためにＮＡＳＡから助成金をもらった、ただならぬ人物だ。そんな宇宙を知り尽くした彼は、文明を持つ生物が惑星に暮らしていたら、人口増加や天然資源の消費によって、今の地球同様、気候を変化させているはずだろうと思いを巡らせている。

そのうえで教授は、地球の行く末について大きく三つのシナリオを想定している。まず一つ目が、人口急増、気候変動も加速した後、大多数が死に絶え、少数だけが生き残るパターンである。二つ目が最初は人口が増え、温暖化も加速するが、途中で資源管理の大切さに気が付いて、結果的に文明が救われるパターンである。もっとも恐ろしいのが三つ目で、人口が増え、温暖化も加速して、やがて資源を使い果たしてしまい、文明が滅亡するパターンである。一つ目のパターンとの違いは少数が生き残るか、絶滅するかの差である。

今、人類はようやく自らの種の存続をかけ、持続可能な世の中にしていこうと動き出している。化石燃料の消費を減らそうと再生可能エネルギーを増やしたり、ＳＤＧｓを呼び掛けて人々の心意気から変えていこうといった取り組みに励んでいる。

アメリカの自動車メーカーの創業者、ヘンリー・フォードはこう言った。「未来を考えないものに、未来はない」。逆に言うなら、未来を考えるものに、未来はあるということだ。

世界では、近年の異常気象から着想を得て、ひときわ創造性にあふれた奇抜なビジネスが続々と誕生している。

後に詳しく述べるが、マイクロソフト創業者のビル・ゲイツ氏も気象の動向に関心を持つ一人で、クリーン・エネルギーなどの気候変動に関わる技術の商業化を支援するファンドを立ち上げている。彼の著作『HOW TO AVOID A CLIMATE DISASTER（邦題：地球の未来のため僕が決断したこと　気候大災害は防げる）』は全米のベストセラーにもなった。

こうしたベンチャービジネスが雨後《うご》の筍《たけのこ》のように現れている背景にあるのが、気候工学（ジオエンジニアリング）という新しい学問によるアプローチだろう。

「鳴かぬなら／鳴かせてみせよう／ホトトギス」で知られた戦国武将がいるが、「やまぬなら／とめてみせよう／温暖化」というのが、気候工学の考え方と言える。温暖化を自力で解決しようと、大気から二酸化炭素を取り除いたり、太陽光を遮《さえぎ》って気温を下げてみたりする、近未来的な研究である。力業だが、もしそれができるなら願ってもない話である。課題も多いが、温暖化解決の最終兵器として期待が寄せられている。

二酸化炭素でダイアモンドを作る

まず一つ目が、二酸化炭素を空気中から取り除く「二酸化炭素除去」という作戦である。温暖化を根本原因から直しましょうという考え方である。たとえば機械を作って直接空気から二酸化炭素を取り除く方法があるが、すでに多くのベンチャー企業などがマシーンの製造に取り掛かっている。また、海に鉄をばら撒いて肥沃にさせて、植物プランクトンを繁殖させ、光合成の促進を狙うという間接的な試みもある。すでに実験されており、効果も実証されているが、問題点も多い。まず、二酸化炭素除去は、前々から宇宙船や潜水艦など、新鮮な空気が得られない密閉空間で使われてきた技術とはいうが、なんせ相手が広大な地球の大気なので、難易度もコスト面も比較にならない。

回収した二酸化炭素はどうするのだろうか。海底に埋蔵したりする方法もあるが、すでに商業的に意外な用途に使われ始めているようである。まず、スイスのコカ・コーラHBC社は、スタートアップ企業とタッグを組み、世界で初めて大気中から集めた二酸化炭素を炭酸水の材料にして、二〇一八年からスイスのウォーターブランド「Valser（ファルサー）」の商品として活用している。炭酸水は、水に二酸化炭素を注入して製造するのだが、通常その二酸化炭素は、天然ガスを燃料として稼働している化学工場から調達されたり、地中に埋まっていたガスを無理やり取り出したものであったりする。しかしこの方法では、空気中に漂っている余剰の二酸化炭素が使われるので、新たに人工的に二酸化炭素を生み出す心配がないわけである。ファルサーは世界で初めて、一〇〇%リサイクルで作られたペットボトルを使用するなど、環境へのこだわりがハンパない。

こうした、いらない二酸化炭素は人間のお腹にいれてしまおうという潔い作戦のほか、身近なものに閉じ込めて売ってしまおうという戦略もある。とあるオーストラリアの会社は、セメントやカーペット、洗剤に至るまで様々な商品に不要な二酸化炭素を入れ込む魔法の技術を開発した。

さらに二酸化炭素を、世界一美しいものに変えてしまおうという、飛び切りエポックメイキングなアイディアも存在する。ある時、宝石会社イーサー・ダイヤモンズ社（AETHER DIAMONDS）のCEOは、ダイアモンドは結晶化した炭素の塊だから、二酸化炭素から作れるのではないかとひらめいた。その思い付きが今や形となり、スイスのごみ焼却炉から取り出された二酸化炭素が海を渡り、米国シカゴに行きついて、半月後に金剛石に変身している。

見た目は天然ダイアモンドと変わらないというが、値段はいくらなのだろう。ホームページをのぞいてみると、その価格は思ったよりは高額で、一カラットの婚約指輪だと六〇〇〇ドル以上する。ただこの試みは、不要な二酸化炭素をリサイクルするだけの意味にとどまらないようで、過重労働や自然破壊など、ダイアモンドの採掘から販売に至るまでの数多くの問題を解決する一手にもなるという。そうした負の部分を省いてダイアモンドを作ることができたら、間違いなく地球にも人間にも優しい商品が出来上がる。そのうえ最近はダイアモンドの供給量が減っているのにもかかわらず需要は相変わらずというから、ダイアモンド不足を解消する一つの手段にもなるという。

ただ少しばかり懸念されるのは、ダイアモンドをもらう側のリアクションかもしれない。姿かたちは同じでも、原料が二酸化炭素と聞けば、反応は悲喜こもごもだろう。

余談だが、この話から、ある出来事を思い出した。昔、グルメを自称するアメリカ人の上司が、カニカマをずっと本物のカニだと思って幸せそうに食べていたことがあった。真実は伝えるべきか、伏せておくべきか。悩んだ末、本当のことを伝えたら、彼は絶句し、それきりカニカマを食べなくなってしまった。真実とは、時に人の幸福を奪うものである。

ビル・ゲイツが支援した一大プロジェクト

幸福といえば、地球は実にラッキーな巡り合わせのもとに生まれた惑星である。太陽から遠すぎず近すぎないうえ、太陽熱を心地よい温度に留めておくためのちょうどいい塩梅《あんばい》のガスを持っていたから、多種多様な生物が幸せに暮らせる星となった。ところが残念なことに、一部の住民が資源を燃やし、本来のガスのバランスを崩して、熱がこもって暖まってしまった。だから地球の気温を下げるために、受け取る太陽光の量を減らそうという研究が進んでいる。「太陽ジオエンジニアリング」などと呼ばれている、気候工学の一つである。

いろいろアイディアがあるが、注目されているのが、航空機やバルーンなどを使って空に微粒子をばら撒く「成層圏エアロゾル注入法」である。この着想の元となったのは大規模な火山噴火で、噴火が起きると火山灰や噴煙が高度二〇キロ以上に達し、対流圏の上の成層圏に到達することがある。そこまで上がると粒子はなかなか地上に落ちて来ないから、太陽光を長期的に反射して、結果的に地球を冷やす効果があるというわけである。一九九一年にフィリピンのピナツボ火山が噴火したときは、地球気温が〇・五℃下がった。ちなみにこの低温が、日本人に改めて国産米の美味しさを嚙みしめさせることになった「平成の米騒動」に繋がったという説がある。

このピナツボ火山よりも大きな噴火が、一八八三年に起きたインドネシアのクラカタウ火山の噴火なのだが、この時は地球気温が一℃以上も下がった。火山から飛び出した微粒子は地球を半周して北欧にたどり着き、空を真っ赤に染め上げて、かの有名なムンクの「叫び」の背景に描かれた。

二〇二一年六月には、その大気への注入実験が、スウェーデンで華々しく行われるところであった。ハーバード大学が指揮をとり、ビル・ゲイツ氏がお財布役という、超一流の頭脳と多額の資金が結集した一大プロジェクトで、その名を「スコーペックス（SCoPEx）」といった。炭酸カルシウムなどの微粒子を上空二〇キロの高さに撒いて、地球を冷やす目的である。

ところが、突然実験が中止になった。行われる予定だったのは、本実験の前段階としての、散布を伴わない打ち上げ機器のテストだった。つまり空にエアロゾルをまく予定はなかったのだが、実験直前にスウェーデンの先住民や環境保護団体が待ったをかけたのである。

言い分はこうだった。「実際に物質を空に撒かなくても潜在的に危険で、予測不能、管理不能な技術の使用に向けた最初のステップになってしまう」、「自然と調和したゼロカーボン社会を目指すという、今すべきことに反している」。痛烈な批判にさらされ計画は頓挫し、延期を余儀なくされた。

しかしこれらの方法は、本当に副作用があるのだろうか。実のところ、ないとは言えないようである。まず、「終端ショック」と呼ばれる気温のリバウンド問題がある。作業を途中で中止してしまうと、それまで注入によってかき消されていた気温上昇が突然現れて、急激に昇温する可能性があるという。しかもその気温上昇は、気候変動によるペースの何倍にも及ぶそうだから聞き捨てならない。しかしこの話は悪く考えすぎた場合であり、注入する物質や規模を変えることで負の影響を小さくできるはずだという専門家も少なくない。またオゾン層を破壊する可能性があるという意見もある。オゾン層は地球を紫外線から守ってくれるシールドの役割を持つ。しかしばら撒く物質次第ではオゾン層の厚みを増すことができる[*48]というシミュレーション結果も出ているというから、シナリオはいろいろである。

スコーペックス計画を率いるハーバード大学のフランク・コイチュ教授は、こう声を上げている。「この研究をしないリスクは、研究をするリスクを大きく上回る」。「温暖化の問題は大きく、人々に与える影響も甚大だ。全部の問題を一気に解決してくれる魔法のような方法はない。だからこそ、全ての選択肢を検討するために、この研究を進める必要がある」。

やってダメだったらどうするんだという反対派、やってみなくちゃ分からないよという推進派、どちらの意見にも分がありそうである。実験を始めて副作用が出てしまったら、元も子もない。しかし始めなければ危険かどうかは分からないともいえ、「鳴かぬなら／鳴くまで待とう／ホトトギス」的なのんびりした温暖化対策では、地球の危機に対応できなくなってしまうと思う科学者も少なくない。気候工学には様々な意見があるが、遺伝子組み換えや体外受精など、これまで「神の領域」として介入がためらわれていたことが、今や普通に行われる世の中にあって、温暖化に禁断の技術が使われ始める日もそう遠くないのかもしれない。

地球を冷ます日傘戦法

地球に日傘を差してみてはどうだろうという考えもある。宇宙空間に鏡を打ち上げて、地球に届く太陽光を遮断しようというＳＦ映画顔負けの気候工学である。

では傘のサイズはどれくらいがいいだろうか。東京工業大学の佐藤勲教授によれば、理論的にはおよそ三〇〇キロメートル四方のパネル一二枚で、いい具合に太陽光が反射されて温暖化を食い止めることができそうだという。[*49]

地球に日傘が登場したのは四〇〇〇年前のこと、雨傘の歴史よりはるかに長い。オリジナルの日傘は、木の枝に動物の皮を張ったずいぶんワイルドなものだったようだ。この初代の傘と、地球を冷やしてくれる傘は大きさも素材もだいぶ違うが、共通するのは途中で日差しが欲しくなれば、傘を畳めばいいということである。そういう意味では、この日傘戦法は、先に紹介した「成層圏エアロゾル注入法」よりも人間の制御が利きやすいと言えるが、資金面、安全面、技術面など乗り越えるハードルは数限りないだろう。

雲のホワイトニング

もう少し安全なアイディアはないだろうか。雲に着目した研究がある。気象学的な雲の分類は、高度、形、降水の有無で大きく一〇種類に分けられる。たとえば高度一〇キロくらいの高い空は水蒸気が少ないので、上空が見えてしまうほどスケスケな「巻雲《けんうん》」と呼ばれる薄雲が発生する。反対に高度二キロ以下の低い空には、水分をたっぷり含んで分厚い

「積雲」や「層雲」と呼ばれる雲が発生する。こうした雲は日光をあまり通さないので地上から見れば灰色に見えるのだが、宇宙から見下ろせば真っ白い。見た目も違えば、太陽光の跳ね返し具合も異なって、たとえば巻雲は入射した日光の約一割を、層雲は約五割も宇宙に跳ね返す。そういうわけで地球を冷やすという観点からは、太陽光をよく跳ね返す下層の雲が好ましい。だからそうした都合のいい雲を人工的に作ってしまおうという作戦が考えられている。

　言ってみれば、〝雲のホワイトニング〟である。人力で雲をより白く、大きくすることで、太陽光が宇宙に逃げ帰ってくれることを狙っている。材料はいたってナチュラルで、船から雲にむかって海水を吹きかけると、舞い上げられた塩の粒子が核となって雲の中の雲粒を増やし、より密度の濃い白く輝く雲が成形されるのである。これまで様々なところで実験が行われており、豪州グレートバリアリーフなどでは、この方法を用いることでサンゴ礁にも日陰を作って海水温を下げることが可能となり、白化現象を和らげる効果も期待できるという。

夕方発の飛行機を減らす

ところで前述のように、スカスカの巻雲は、太陽光のほとんどを通過させてしまう。ところがそのくせ、地球から宇宙に向かって逃げようとする熱はため込んでしまうという正反対の性質を持つ。とどのつまり、来る者拒まず、去る者は追うタイプだから、巻雲は地球を暖めてしまうのである。しかも近年は、このありがたくない雲が増え続けているという。というのも、飛行機雲も巻雲の一種だからで、アメリカでは航空機の発着数の増加などが原因で、一〇年ごとに巻雲が約一%も増えているという統計がある。

とはいえ、飛行機雲のすべてが地球を暖めるわけではない。英インペリアル・カレッジ・ロンドンのロジャー・テオー氏らの論文[*50]によれば、そうした〝有害〟な航空機は案外少ない。たった二・二%の航空機が、飛行機雲が原因で起こる気温上昇のうちの八割の影響を与えていたことが明らかになった。この問題児はどんな飛行機かというと、夕方頃に出発する航空機だという。夕方発の航空便から出された飛行機雲は夜間に空を漂うため、地球を覆うブランケットのように作用して地球から宇宙へ逃げていくはずの熱をこもらせてしまう。また夜は太陽光が当たらないから、昼と違って雲がなかなか消えないというのが理由のようである。

では厄介な飛行機雲を減らすにはどうしたらいいか。それには、低く飛んで、温室効果の高い巻雲ができないようにするのである。一見すると、低空飛行をすれば、そのぶん空気の密度の高い所を飛ぶことになって抵抗を受けるから燃料を多く食いそうだが、飛行機雲の持つ温室効果と比べればお釣りがくるほどだという。

「飛び恥（Flight shame）」という言葉が二〇一九年にブームになった。スウェーデンで生まれた言葉と言われ、環境負荷の高い飛行機に乗るのは、恥ずべきことだという意味である。では飛ばないようにするにはどうしたらいいか。

究極の例がある。二〇一九年、一六歳（当時）の環境活動家グレタ・トゥーンベリさんは、ニューヨークにある国連本部で開かれる気候サミットに出席するため、ヨーロッパからアメリカまでヨットで半月かけて到着した。次にチリで開催予定だった国連の気候会議に参加するために、鉄道を乗り継いだ後、アーノルド・シュワルツェネッガー氏から拝借した電気自動車に乗って、アメリカを縦断。ところが途中で会議の開催地がスペインに変更になってしまったため方向を転換して、太陽光パネルを搭載したユーチューバーの船をヒッチハイクして大西洋を三週間かけて横断し、ようやくマドリードに行きついた。飛び恥を体現する骨の折れる出張だった。

人工雪で南極の氷を救えるか

次は、南極の氷を救うアイディアである。南極の氷が溶け、それが海面上昇を引き起こしていると述べたが、それなら氷を厚くしてしまおうという発想である。ではどうやってやるか。マンガのようなのだが、巨大な雪製造マシーンを使って雪を振りかけようという。

いま氷の融解が進んでいる南極の西側の氷河が全部溶けようものなら、地球全体の海面は六メートル上昇するかもしれないそうだ。そこまでいかなくても氷が溶け続けると、東京、ニューヨーク、シドニーといった港湾のメガシティに水が迫るおそれが高まってくる。そこでドイツのポツダム気候影響研究所のアンダース・リーバーマン氏らが難解な数式を解いて解決法を探ったら、どうやら塩を取り除いた数兆トンの海水から人工雪を作って、それを氷床に振りかけて氷を厚くすれば、氷の融解リスクを下げられるという結論に至った。二〇一九年に発表された論文[*51]である。とはいえ、リーバーマン教授も本気でやろうと思っているわけではないようで、こんな苦肉の策を考えるようになってしまったほど地球が危機的な状態にあることを伝えたかったという。「世界の海岸を五メートルの堤防で囲みたくなかったら、こんなクレイジーな方法をとるしかないのさ」、教授はこう言っている。

その他の型破りな策として、南極の氷の融解原因となっている海中の暖水の浸入を阻止すべく、海底に世界一大きな壁を作るという構想も生まれている。米プリンストン大学のマイケル・ウォロビック氏らは、崩壊が叫ばれているスウェイツ氷河沖の海底に、もし高さ一〇〇メートルの壁を設置したら、海底からの暖流が入りこみづらくなり融解が阻止できるだろうと考えた。[*52] まるで海の底に三〇階建ての高層マンションくらいの高さの万里の長城を作るような壮大な計画だ。不可能ではないそうだが、研究者も気候工学は二酸化炭素の削減の代替策にはならず、南極の融解が食い止められたとしても熱波や干ばつなどの異常気象は止まらないと言っている。

このほかにも海に突き出て浮かんでいる棚氷の下に、エッフェル塔くらいの高さの柱をいくつか置いて下支えする案もある。要するに、人工物の上に氷を乗せて氷が海に溶けこむのを防ごうという窮余の策である。

牛のトイレトレーニング

こうして人類は知恵を絞り、気候工学という高度な最先端技術を使ってありとあらゆる奇策をひねり出し、地球の将来を考えている。しかし自分たちだけでできることには限りがある。だから、動物たちにも協力してもらおうという他力本願な戦略も立てている。協力を仰ぐのは、温厚従順な牛たちだ。

　ゲップには温室効果ガスのメタンが含まれると難癖をつけられて、温暖化の犯人の一味とされてきた牛たちだが、今度は彼らの糞尿に矛先《ほこさき》が向けられている。牛が一日に出す尿は二〇キロで、それが土壌と混ざると二酸化炭素の三〇〇倍もの温室効果を持つ「一酸化二窒素（N_2O）」と呼ばれる気体が出る。そこでニュージーランド・オークランド大学のリンゼイ・マシューズ博士らは考えた。[*53] 人間の子供だってトイレで用をたせるのだから、牛にもできるはずだ。牛を知りつくした動物行動学者ならではの発想で、子牛にトイレのしつけをすることにしたのである。その作戦名は、「ムールー・トレーニング」、牛の鳴き声のムーとトイレのルーを掛け合わせ、牧歌的な名前にした。

　その特訓のメニューはこうである。まず、トイレに行くことを覚えさせるため、外で用をたしてしまうとブルブルふるえる首輪を子牛の首に巻く。次にトイレまでの距離を広げていって、牛がトイレに行ったら、大麦やら砂糖水やら褒美を与える。その反対に、トイレの外でしてしまった場合は、ヘッドフォンから嫌な音を出した。しかし牛は音を嫌がらなかったので、代わりに水しぶきをかけてみたところ、効果があったという。この訓練を週三回、四五分間、一〇日続けたところ、一六頭中一一頭が見事、トイレでの排泄に成功した。個人的な意見だが、子牛は人間の子供よりもずっと覚えが早いように思う。

一方、ゲップ対策に向けた研究も進んでいる。牛は胃を四つも持ち、食べたものを胃から口へ何度も戻して消化する。このときに微生物がエサを分解してできたメタンガスが、ゲップの正体である。メタンの温室効果は二酸化炭素の二五倍以上ともいわれ、地球を暖める効果は絶大である。一頭の牛から一日に出されるメタンの量は三〇〇リットルにも及ぶ。しかも牛は世界中に一五億頭もいるから、その量は限りない。

今ニュージーランドでは、「牛のゲップ税」なる、メタンの排出量に応じて畜産農家から税を徴収する仕組みの導入が国会でまじめに検討されている。もし可決されれば、二〇二五年から始まるのだそうだが、世界でもゲップから出るメタンの量を減らすために、エサに工夫を加えようという試みが行われている。

たとえば北海道大学の小林泰男教授は、エサにカシューナッツの殻を搾った油を加え、アメリカのファストフードチェーン、バーガーキングはレモングラスを混ぜたりしてメタンレス化に成功したという。ちなみにバーガーキングの独創的なアイディア戦略は特筆すべきものがあって、数年前には「直火焼きハンバーグ」の匂いのする香水を一本五〇〇〇円で限定販売していた。食用の香料ではなく、においを楽しむためのフレグランスである。後述するが、私はこの製品がこれから爆発的ヒットを起こすと信じてやまない。

フードテック元年と代替ミート

二〇一九年、環境会合に出席するためニューヨークを訪れていた日本の環境大臣が「毎日でもステーキが食べたい」と発言して、国内外で物議をかもしたことがあった。正直だし気持ちも分かるが、さすがに立場も立場だし、間も悪かった。なんせ地球は、肉を我慢する時代に突入しようとしているからである。

一体ステーキの何が悪いのだろう。それは牛が大食漢だからである。たとえば、鶏肉一キロを生産するのに必要な穀物はトウモロコシ換算で四キロ、豚肉なら六キロ、牛肉の場合は一一キロにも及ぶ。また一キロの肉を生産するために使われる水の量は、鶏肉なら四五〇〇リットル、豚肉なら六〇〇〇リットル、牛肉は二万リットルと桁違いのレベルである。だから牛肉ステーキの代わりにチキンステーキ、はたまた豆腐ステーキを食べれば、環境負荷も小さくなるというわけである。そこで近年、植物性の原料を使った「代替肉」や、細胞を培養して作りだす「培養肉」などの開発が進んでいる。二〇二〇年は日本の

「フードテック元年」と言われるが、アメリカでは代替肉のスタートアップ企業がそれ以前からたびたび話題となっていた。中でもカリフォルニア州の代替ミートのベンチャーである「インポッシブル・フーズ」（CEO：パトリック・ブラウン）、「ビヨンド・ミート」（CEO：イーサン・ブラウン）が株式市場やメディアを賑わせている。両社の株主は錚々《そうそう》たる顔ぶれで、ビル・ゲイツ氏は両社に出資しており、「インポッシブル・フーズ」にはグーグルの子会社も名を連ねる。

　究極的には、肉がなくても肉を感じることができる。私の実体験を紹介しよう。筋肉が自慢のアメリカ人の友人からバーベキューパーティーの誘いを受け、参加したときのことである。どんなに分厚い肉が焼きあがったのだろうと、胸を弾ませバーベキューグリルの中をのぞきこむと、そこにあったのは、サケとエビ、野菜とキノコだけで、肝心の肉がなかったのである。そう、彼はベジタリアンだった。あの筋肉はどこから来たんだ、と心の中で叫びながらも、気を取り直して直火焼きの香ばしい匂いのするエリンギをほおばると、口の中の遠くの方からかすかにベーコンの味を感じることができた。だから確信を持って言えるのである。あのバーガーキングの香水は、今後のミートレス時代を生き抜くために不可欠な媚薬となるに違いない。

＊48　『気候を操作する　温暖化対策の危険な「最終手段」』杉山昌広著（KADOKAWA）

＊49　「地球を冷やす機械１：地球規模でのエネルギーバランスの議論と方法の検討」日本機械学会誌、二〇一八年五月、佐藤勲

＊50　「Mitigating the Climate Forcing of Aircraft Contrails by Small-Scale Diversions and Technology Adoption」Environmental Science & Technology, 12 Feb 2020, Roger Teoh ほか

＊51　「Stabilizing the West Antarctic Ice Sheet by surface mass deposition」Science Advances, 17 Jul 2019, Johannes Feldmann, Anders Levermann ほか

＊52　「Stopping the flood: could we use targeted geoengineering to mitigate sea level rise?」The Cryosphere 20 Sep 2018,Michael J. Wolovick ほか

＊53　「Learned control of urinary reflexes in cattle to help reduce greenhouse gas emissions」Current Biology Magazine 13 Sep 2021,Neele Dirksen, Lindsay Matthews ほか

グリーンナッジ

ゼロカーボン社会を目指すには国家や個人の取り組みも欠かせない。しかし、警鐘を鳴らして一人一人を啓蒙するのには限界がある。そこで注目されるのが、無理強いせずにそっと促す「グリーンナッジ」の手法である。それはどんな方法なのか。

二〇〇〇万本の木を植えた聖火ランナー

ここまでは、企業や研究者らの取り組みを見てきたが、世界を変えてくれるような奇抜なアイディアを待つばかりでは心もとない。個人でも何かできないだろうか。

中国人のイン・ユージェンさんは、その答えを提供してくれている。彼女は結婚が縁で内モンゴル自治区に移り住み、大きなショックを受けたという。そこは中国北部でも有数の巨大な砂漠地帯で、ひとたび風が吹けば家は砂に覆われ、砂を払わなければ埋まってしまう。砂に埋もれて死ぬくらいなら、木を植えて死んだ方がましだ、そう思ったインさんは、大事な羊を売って数百本の苗木を買い、それを砂漠に植えた。一九八六年のことである。

はじめはまったく育たず失敗の連続だったが、それでもあれこれ考えて、家を売って資金をかき集め、諦めずに木を植えた。すると仲間も現れて、二〇年後には二〇〇万本の広大な緑地ができあがった。彼女は国家主席から表彰され、二〇〇八年八月の北京五輪の聖火ランナーにも選ばれて一躍有名になったが、おごり高ぶることはないし、手を休めることもない。もらった資金は植樹に充《あ》て、村の住民が潤うようにと植樹を続けているという。志を持った人々が大勢集まって、知恵を絞って体を張って、目標のために努力を続けたら、地球規模の大きな問題も解決できるかもしれない、そう思わせてくれる話である。

ノーベル賞を受賞したナッジ理論

国、企業、そして個人。気象問題を考えるうえで、主体はさまざまである。

近年注目されているのは、人々を知らないうちに巻き込んで、温暖化や環境問題の改善に協力してもらう手法である。しかも無理に強《し》いるのではなく、喜んで力を貸してもらうのである。一体どうすれば、そんなことができるのか。

ヒントとなるのが、オランダに登場した一風変わったトイレである。

女人禁制だから正確なことは言えないが、男子トイレは尿ハネがすごいらしい。オランダのスキポール国際空港でも清掃員たちが汚いトイレに頭を抱えていた。そこで、ある奇策に打って出てみたら見事に成功し、問題が一気に解決したのである。

それは便器の真ん中に小さなハエの絵を描くことだった。これには、いつものんべんだらりと用を足していた旅行客もスイッチが入ったように神経を集中させて、ハエめがけて尿を噴射した。すると飛びハネが八割も減ってトイレが清潔になり、清掃費も削減できたそうである。

こうした手法を「ナッジ」という。二〇一七年にノーベル経済学賞を受賞したリチャード・セイラー教授らが提唱した理論である。もともと「ナッジ（nudge）」とは、英語で〝肘で優しくつつく〟という意味があって、よい選択をするようにそっと後押しすることを指す。ナッジのポイントは、ペナルティや強制で人に無理強いするのではなく、相手に選択の余地を与えて自分で選ばせるということであり、先の例でいえば、男性には尿ハネを続けるというオプションが残されていたにもかかわらず、多くの人たちははみださせずにきっちり用を足す選択肢を自ら選んだということになる。それはハエが〝生贄《いけにえ》〟となって、そっと仕向けてくれたからである。

こんな風に、人々が喜んで協力してくれる夢のような解決法がある。しかも当人は、操られていることにさえ気が付いていない。このウィンウィンな方法で、温暖化問題も解決できたら、これほど美味しい話はない。

アリババのアプリで三億本の木が増えた

ナッジ理論を用いて、地球環境問題に取り組もうという試みを「グリーンナッジ」と呼ぶ。人々を楽しいと思わせながら、地球に望ましい行動をするようそっと背中を押してあげる作戦である。虫の良すぎる話に聞こえるかもしれないが、これまでいくつも成功例が存在する。

まず中米コスタリカの町では、水道料金の請求書にシンプルな細工を施しただけで、人々が節水に協力してくれたという。[*54] どうやったのか。二〇一四年に行われた実験なのだが、自宅の水使用量が近所と比べて多かったか少なかったかを表示したのである。具体的には、毎月の請求書に顔マークを載せるというもので、もし自宅の水使用量が近所よりも少なければ笑った顔、反対に多ければしかめ面のイラストが描かれ、自宅の使用状況が一目でわかるようにした。たったそれだけなのに、その絵を見た翌月には、各家庭の水使用量が平均で五％下がったという。地味で安価な作戦だったが、近い他人と比較されたことが節水の動機となったのである。「ご近所さんはやっていますよ」と言われて動くのは、日本人だけではなかったようである。

同じような方法は、肉の消費を減らす工夫としても有効だそうだ。先述のように、牛は大量のエサを暴飲暴食する上に、糞尿やゲップが二酸化炭素より悪質な温室効果ガスを排出して、地球を暖める。

アメリカの大学で行われた実験[*55]では、レストランのメニュー表の一番目立つところに「一人一人が地球に貢献できます。一食分を肉から植物由来のものに変えるだけで、携帯電話を二年間充電するのに必要なエネルギーが生み出す温室効果ガスに見合う量を削減することができます」と書くだけで、二五％がベジタリアンメニューを選び、何も見なかったグループの一二％を大きく上回ったという。さらに「一緒に運動しましょう。アメリカ人の九割がこの活動に協力していますよ」と書いた場合でも、二二％がベジタリアン食を選んだという。人々は空気を読んで、肉料理をあきらめてくれたというわけである。

次は植樹に関するナッジの成功事例である。何のご褒美もあげないのに、人々が夢中で木を植えてくれる人心掌握術が中国に存在する。中国の大手通販アリババ傘下の決済アプリ「アリペイ」が行っている、「アントフォレスト」というプロジェクトである。アプリに登録したユーザーが、実生活で車に乗る代わりに歩いたり、自転車に乗ったりエコな活動をすると、二酸化炭素排出量の削減量に応じてグリーンポイントがもらえ、それでバーチャルの木を手に入れるという仕組みである。アプリの中で木がうまく育つと、今度は本物の木に交換できて、それを砂漠化の進む内陸部に植えてもらうことができるというからくりである。しかもちゃんと植えられたかどうかは、衛星画像でチェックすることができる。

二〇一六年から始まったこのプロジェクトは、わずか五年ほどで参加者が六億人に増え、植樹した本数はかるく三億本を突破、国連最高の環境賞とされる「地球大賞」も受賞した。人々は喜んでせっせと歩き、楽しみながら参加しただけなのに大量の木々が植えられ、地球にとっても嬉しい結果をもたらした。膨大な数の人たちを、ゲームという新たな手法で取り込んで、脱炭素を後押ししたアントフォレストは、グリーンナッジの理想像ではないかと思うほどである。

数年前、スマートフォンアプリの「ポケモンＧＯ」が一世を風靡した。外に出て架空のキャラクターを見つけ出すという、客観的に見たら何の得にもならなそうなゲームだったが、日本だけでなく世界中の人々がのめりこんで、地球規模の大変なフィーバーを巻き起こした。大の大人が昼夜携帯を凝視しながら歩き回り、時に階段を踏み外したり、電柱に衝突したりしながらも、ワクワクしながらひたすらキャラクター集めに奔走した。もしあのゲームがもう一歩踏み込んで、ポケモン三体で本物の木と交換できるといったルールを作っていたとしたら、今頃東京は緑であふれかえっていたかもしれない。

不安からユーモアへ

こうした人を動かすアプリのほか、近年は温暖化対策の強い味方として、ユーモアに期待が寄せられている。今の地球には心配事が氾濫し、気の重くなる話題が多いため、「エコ不安症（eco anxiety）」なる新たな心の病に苦しむ人たちも増えている。だから、今起きている真実をありのままに伝え、将来への危機感をあおるだけでは、限界が来てしまった。そこで、深刻な顔をされずに温暖化について興味を持ってもらうために、軽めの冗談を交えて社会に伝えていくのも有効なのではないかという考えが、いま世界でにわかに広まり始めている。

実は、ジョークが効果的であることは、科学者もお墨付きを与えている。米コロラド大学の研究[*56]では、環境学専攻の大学生を、気候変動をネタにした喜劇のストーリーを作るワークショップに参加させたところ、そのあとアンケートに回答した参加者の九割が地球の未来に希望が持てるようになったと言い、八三％が温暖化に対して行動を起こそうという気持ちになったと回答したそうである。人々の心を摑《つか》むのに笑いは大きな役割を果たすのである。

二〇二一年には、壮大なブラックジョークが登場している。真冬の気温がマイナス五〇℃にもなる北極圏の町フィンランドのサッラが、二〇三二年の夏季オリンピックの候補地に名乗りを上げると言い出したのである。手の込んだ五輪招致用のプロモーションビデオでは、一面真っ白な大地の上を聖火ランナーが駆け抜け、サーファーが滑り降り、凍りつきそうな池の中には水着の水泳選手が飛び込もうとしている。そして氷の溶けゆく山をイメージしたユニークな大会ロゴが登場して、動画は締めくくられる。

冬季五輪なら合点がいくこのフィンランドのサッラが、一体なぜ夏季五輪の候補地に手を挙げようとしているのだろうか。関係者はこう言っている。今はただの冗談にしか聞こえない提案だが、今後も温暖化が加速して、もしサッラでの夏季五輪が現実味を帯びてきたとしたら、世界の人たちに地球がとんでもなくひどい状況に陥っていることを訴えることができる。その思いで、自他共に認める〝クレイジー〟なアイディアを思いついたのだという。こんな風に、地球の未来を真剣に考えてもらおうと、世界ではあの手この手で挑戦が行われている。

人類が地中に眠る資源に目をつけ、土を掘り返しては燃やし始めてから、地球はいまだかつてないペースで暖まり始めてしまった。突然の環境変化にさらされた生き物たちは、息絶えるか、住処を追われるか、姿かたちを変えて生き延びるか、究極の選択を迫られ、加害者である人間もまた、貧富の差や居住地の違いなどから、変化に対応できるものとそうでないものとで新たな格差が生まれようとしている。だから今、なるべく温室効果ガスを出さないような社会のルールや、脱炭素を目指す高度な科学技術を作って、温暖化という危機に抗うための武器を手に入れようと努力を始めている。その努力が実るか否かは、国家、企業、個人が一丸となって同じベクトルに舵を取り、進み続けられるかということにかかっているだろう。

国や企業が本気で努力したら、お金や人を大きく動かしてある程度の大きな効果が見込めるだろう。彼らにはやらざるを得ない理由もあって、国の場合は国際社会の一員としてのメンツがあるし、企業なら株主や世論の目があるから、目標を達成するよう暗黙の圧力をかけられている。しかし個人はどうだろうか。幸か不幸か自由があるから、温暖化対策に協力しなくても特段大きなペナルティが発生するわけでもない。

人間は、得をする喜びよりも損失を二倍強く感じるという。これは二〇〇二年にノーベル経済学賞を受賞したダニエル・カーネマン氏らが考えた「損失回避の法則」という心のクセで、人は得よりも損を重視し、利益が損失の二倍くらい見込めないと行動に出ないのだそうである。人間は、打算的、いや実に慎重な生き物なのだ。だから、いざ電気自動車にしようとか、焼き肉を我慢しようと考えたところで、自分の損失や我慢の二倍は得する話がないと、行動を踏みとどまってしまう。

そのような訳で、損を回避したい人間の心に効くのは、ムチではなくアメを与えることなのだろう。つまり美味しい話を用意することであり、それにグリーンナッジが効果を発揮すると筆者は思うのである。もちろんグリーンナッジだけで地球の問題が解決できるわけではない。人間が返すべき〝負債〟は、個人がニコニコ楽しみながら返済できるほど少量ではない。しかし楽しみながら、自分で選択しながら、という手法が、人々に温暖化への興味を持たせ、拒否反応を起こすことなく行動に移してもらうための方策の一つとなるだろうと思う。そうして温暖化に取り組みたいと思わせるような気風を作ることで大勢を巻き込むこともできるし、国や企業に対し、ＳＤＧｓに熱心に取り組むようお尻を叩くこともできる。

こんな言葉がある。「宇宙船地球号に乗客はいない。いるのは、乗務員だけだ」（カナダ人文明批評家、マーシャル・マクルーハン）。

一人一人が戦力である。そんな気概で地球の問題に取り組んでいくことができたら、広大な地球を相手にしても何かを変えられるかもしれない。

＊54 「Saving Water with a Nudge (or Two): Evidence from Costa Rica on the Effectiveness and Limits of Low-Cost Behavioral Interventions on Water Use」 The World Bank Economic Review, 2020, Juan Jose Miranda ほか

＊55 「Environmental messages promote plant-based food choices: An online restaurant menu study」 World Resources Institute, Feb 2022, Stacy Blondin ほか

＊56 「Good-natured comedy to enrich climate communication」 Comedy Studies,Jun 2019, Beth Osnesa ほか

おわりに

日本から地面を掘り下げて反対側の地上に出たら、南米アルゼンチンの周辺に行き当たる。私はその首都ブエノスアイレスで生まれ、外国名をソフィアという。地理的に正反対の日本とアルゼンチンは常識も両極端で、幼い私は「鼻が低くて、可愛いね」と言われて育ったと母は言う。しかし嫌味ではないらしい。ヨーロッパ移民が大多数を占めるこの国では、低い鼻が珍しく、愛らしいとすら思ってくれる。

肉の消費量も桁違いで、男の人なら一食で一キロのステーキを平らげるし、赤ん坊はビーフジャーキーをおしゃぶりする。こんな風に美意識も食文化も違えば、国民性も大違いで、かつてノーベル賞を受賞した経済学者サイモン・クズネッツは、ずばりこう表現した。「世界には四種の国しかない。先進国と途上国、そして日本とアルゼンチンである」。つまるところ、日本は資源小国なのに成功した稀な国、かたやアルゼンチンは、資源大国なのに衰退した妙な国。正反対の国で生まれ、常識とは何なのかと、ふと思うことがある。

国ごとにスタンダードが異なるように、気候にも世界の常識は存在しない。日本国内でも、太平洋側と日本海側の冬には大きな差があるように、外国にはもっと大きな違いが存在する。世界でもっとも雨が多いのは、年間降水量が一万二〇〇〇ミリに達するインドのマウシンラム、一方もっとも雨が少ないのは年間で〇・一ミリしか降らないチリのアタカマ砂漠である。面白いのはここからで、雨の多いマウシンラムの住民はしばしば水不足に襲われるのに対し、アタカマ砂漠の住民は水を絶やすことがない。なぜだろう。インドでは雨の降りすぎで土砂崩れが頻繁に起き樹木が流れ去ってしまっているから、土壌の保水力が下がって水が流れ出てしまうのである。その一方で、雨の降らないチリの砂漠では、特殊な網を張りめぐらせて霧の水分をかき集め、地ビール工場すら繁盛している。

　また世界でもっとも寒い居住地シベリアのオイミャコンは、マイナス六七・八℃を経験したことのある、人口五〇〇人程度の町である。釣った魚は二、三秒で凍りつき、水は発電所で溶かされたものが錆《さ》びたパイプを伝わって流れてくるからまずいという。子供はなかなかタフで、ここでは気温がマイナス五〇℃でも、学校があるらしい。その反対に、世界でもっとも暑い居住地の一つ中東クウェートでは、水道から出てくる水が熱すぎて冷ましてからでないと使えないし、学校は気温が五〇℃でも休みにはならないそうである。極端な土地に住む人たちの忍耐強さは、温帯育ちの私には計り知れないものがある。

多種多様な気候を持つ世界の国々だが、どうも天候がおかしいという感覚は、万国共通のようである。雨が降らない、やまない、暑すぎる、海が荒れすぎると眉をひそめる人もいれば、暖かくなった、氷が溶けたと顔をほころばせる人もいる。

今後も目まぐるしい環境の変化に、今の常識が壊されて、次々と新しい常識が生まれていくことだろう。実は、今このあとがきを書いているとき、群馬県伊勢崎市で四〇・二℃まで気温が上がり、六月の国内観測史上最高気温が記録されたうえ、私の住む東京でも一八七五年の観測開始以降初めて九日連続で最高気温が三五℃を上回ったというニュースが国内外を駆け回っている。これが一年だけのことならいいが、このような異常事態が普通になってしまったら、息苦しいことこの上なく、死の危険に脅えながら暮らさなければならなくなる。

数十年後の夏の暑さはそれ以上だろうから、たぶんその頃には、野球やサッカーが冬の競技になって、フィギュアスケートやカーリングなどの屋内競技が夏に開催されるようになっているかもしれない。また夏休みがうんと長くなり、代わりに冬休みが短くなって正月三が日だけになったり、「シエスタ」が採用され、夏は仕事の合間に帰宅して昼寝することが許されたり、はたまた夏季は首都が東京から札幌に移転したりするなんてことも起こるかもしれない。つまり常識が変わるというわけである。

まだ遅くない、そう言う科学者は少なくない。世界が対策に本腰を入れれば、温暖化の暴走を止めることができるという。その見立てが正しければ、今が勝負どころだろう。もともと資源があふれていたのに、衰退してしまった切ない惑星とならないためにも、今すべきことがある。

この本を書くにあたって、専門的知見をアドバイス下さいました、元東京航空地方気象台長の饒村曜様、気象キャスターの森田正光様、また執筆のご助言を下さった編集長の前島篤志様、毎回私を励まし最後まで寄り添って一緒に本を完成させてくださった池内真由様に、厚く感謝を申し上げます。

そして星の数ほどある書物の中から本書を手に取り、読んでくださった皆様に心からのお礼を申し上げます。この出会いを通して、世界に広がる空事情に興味を持っていただくことが出来たら、大変うれしい限りです。同じ運命を背負う地球人として、またどこかでお会いできる日を楽しみに本書を締めくくります。

二〇二二年夏　森さやか

森　さやか（もり さやか）

NHK WORLD-JAPAN 気象アンカー。南米アルゼンチン・ブエノスアイレスに生まれ、横浜で育つ。2011 年より現職、英語で世界の天気を伝えるフリーの気象予報士。日本気象学会、日本気象予報士会、日本航空機操縦士協会・航空気象委員会会員。著書に『竜巻のふしぎ』『天気のしくみ』（共著／共立出版）。最新刊に月刊誌「世界」での連載をまとめた『いま、この惑星で起きていること』（岩波ジュニア新書）。「Yahoo! ニュース 個人」では最新の天気記事を執筆。

文春新書

1373

お天気《てんき》ハンター、異常《いじょう》気象《きしょう》を追《お》う

2022 年 8 月 20 日　第 1 刷発行

著　者　　森　さやか
発行者　　大松芳男
発行所　株式会社　文藝春秋

〒102-8008　東京都千代田区紀尾井町 3-23
電話（03）3265-1211（代表）

印刷所　　理想社
付物印刷　大日本印刷
製本所　　加藤製本

定価はカバーに表示してあります。
万一、落丁・乱丁の場合は小社製作部宛お送り下さい。
送料小社負担でお取替え致します。

ISBN978-4-16-661373-1

文春新書のロングセラー

樹木希林

一切なりゆき

樹木希林のことば

二〇一八年、惜しくも世を去った名女優が語り尽くした生と死、家族、女と男……。ユーモアと洞察に満ちた希林流生き方のエッセンス

1194

中野信子

サイコパス

クールに犯罪を遂行し、しかも罪悪感はゼロ。そんな「あの人」の脳には隠された秘密があった。最新の脳科学が解き明かす禁断の事実

1094

橘　玲

女と男　なぜわかりあえないのか

単純な男性脳では、複雑すぎる女性脳は理解できない！「週刊文春」の人気連載「臆病者のための楽しい人生１００年計画」を新書化

1265

ジャレド・ダイアモンド　ポール・クルーグマン　リンダ・グラットンほか

コロナ後の世界

新型コロナウイルスは、人類の未来をどう変えるのか？　世界が誇る知識人六名に緊急インタビュー。二〇二〇年代の羅針盤を提示する

1271

立花　隆

知の旅は終わらない

僕が３万冊を読み１００冊を書いて考えてきたこと

立花隆は巨大な山だ。政治、科学、歴史、音楽……、万夫不当の仕事の山と、その人生を初めて語った。氏を衝き動かしたものは何なのか

1247

文藝春秋刊